U0335995

ISO 14001 和 OHSAS 18001 真的有效吗

基于可持续发展财务和创新视角

武剑锋 著

中国旅游出版社

前　言

　　习近平总书记在中国共产党第十九次全国代表大会中指出，我国经济已由高速增长阶段转向高质量发展阶段，发展必须是科学发展，要着力解决突出的环境问题，调整产业结构，坚定实施创新驱动发展战略。企业是最核心的微观运营主体，环境战略和员工安全对于我国经济稳定和经济发展都至关重要。环境管理体系和职业安全健康管理认证则是企业切入环境管理和劳工保护的手段之一，所以本书选取环境管理体系和职业安全健康管理这两种非强制认证，得到如下结论：

　　第一，环境管理体系认证对企业环境维度可持续发展水平有显著促进作用。进一步研究发现，国有企业和有政治关联的企业，环境管理体系认证对企业可持续发展水平的促进效应更为显著；将国有企业根据实际控制人级别进一步分类后发现，环境管理体系认证对企业可持续发展水平的促进效应在市级（含市级）以上控股的企业中比在区县（含区县）以下控股的企业中作用更为明显。

　　第二，ISO 14001 认证能提升排污费维度的环境绩效，且对环境绩效的增加有正向影响。进一步研究还发现，属于环境敏感型行业、有较大认证覆盖规模的企业通过认证后，环境绩效的增长幅度更为突出。持有最权威的 ISO 认证标识、通过 2015 版 ISO 14000 新标准的企业，没有发现优先于其他认证企业环境绩效的改善，说明我国的认证机构对 ISO 14000 认证的落地情况较好，且没有显著的机构性差异。另外，2015 版新标准虽然更为严格，但其有效执行需要一段时间的积累，现有数据情况下未发现新标准在减少企业排污费方面的突出作用。

第三，企业执行环境管理体系认证与营业成本负相关，确实可以通过执行环境管理体系认证有效降低企业的成本。一方面，执行环境管理体系认证时能避免环境责任事故，减轻了各类罚款支出；另一方面，根据 ISO 14001 系列标准，企业需要主动预防污染，节约资源，减少了资源上的开支。

第四，环境管理体系认证不能够促进企业提高以 *ROA*、*ROE*、*ROS* 为代表的资产报酬率，可能由于有的企业认证并未真实落地。另外，施行环境管理体系认证究竟是降低了成本还是造成企业管理冗余仍存在不确定性。

第五，环境管理体系认证与创新投入和创新产出成正相关关系。环境管理体系认证能够促进企业创新，使企业更加积极地投入研发资金，专利和发明的产出也有明显提升。

第六，企业通过职业健康安全管理体系认证能够有效促进创新投入和创新产出。进一步考虑企业属性和认证差异的分析表明，职业健康安全管理体系认证对创新效率的激励在无政治关联的企业和认证覆盖人数占比总人数比例高的企业更为显著。

总体来说，越来越多的企业积极进行管理体系认证，带来许多积极的效果。然而，管理体系认证是否落地以及落地以后如何传导到财务和创新等方面的问题是复杂而长期的，加之我国该领域的研究较少，本书仅能通过环境管理体系认证和职业安全健康管理认证对企业可持续发展、财务和企业创新的后果研究来起到抛砖引玉的作用。

最后，感谢杜珂、莫默、郝宇辰、赵悦晨、景囡、刘雨彤、袁月萌七名同学在数据收集和整理过程中所做的工作，他们的帮助对本书的出版至关重要！感谢中国旅游出版社各位老师的全力协助！囿于能力，本书疏漏之处在所难免，恳请各位同人不吝赐教，以使本书日臻完善。祝阅读到这本书的朋友们工作顺利，生活美满！

武剑峰

2022 年 12 月

目 录

第一章　导　论

习近平总书记在中国共产党第十九次全国代表大会中指出，我国经济已由高速增长阶段转向高质量发展阶段，发展必须是科学发展，要按照十六大、十七大、十八大提出的全面建成小康社会各项要求，坚定实施创新驱动发展战略，而发展的关键离不开有活力的微观主体。企业是最核心的运营主体，坚守着降低环境污染、提升能源利用效率的首层防线，也坚守着职工健康安全保障的第一道防线，如果这两条防线失守，不仅会影响企业的发展，还会给国家经济建设和社会稳定带来巨大损害。另外，随着我国贸易新业态新模式的拓展和贸易强国的建设，企业未来会面临更多员工问题和环境保护的要求与挑战，职业健康安全管理体系和环境管理体系认证是组织"走出去"面临的国际贸易壁垒，通过实施管理体系认证，出口型企业可以更有效地系统化、规范化管理运营机制，降低劳工风险和环境风险，并借此突破非关税出口障碍，形成面向全球的贸易和生产服务网络，加强国际竞争新优势。

管理体系认证行业除了帮助企业规范管理、带动市场经济和解决就业外，在疫情防控的特殊背景，认证认可检验检测行业也在守护安全底线、服务疫情防控和复工复产等方面发挥着重要作用。中国质量认证中心主办的国家级期刊《质量与认证》2021年1月发布的《2020检验检测认证认可行业年度风云榜·十大新闻》显示，市场监管总局对7637家获得ISO 13485医疗器械质量管理体系、ISO 9001质量管理体系等认证的防护用品生产企业采取专门帮扶措施，确保认证质量，组织公布了63家国家级和253家省级防疫物资检验检测机构名录，针对虚假认证、买证卖证、认证结论严重失实以及认证价格违法等行为开展防疫用品领域认证活动专项整治行动，认证认可检验检测行业全力服务疫情防控工作和企业复工复产，提升了出口防疫用品质量安全水平，维护了我国的国际信誉。2020 年 3 月 26 日，认监委发布绿色产品认证机构资质条件及第一批 12 类产品的认证实施规则，为绿色产品认证的切实推进敲响了重锤之音，也标志着我国绿色产品认证制度体系建设迈入了一个新的发展阶段。2020 年 10 月 30 日，市场监管总局、国家邮政局联合发布第一批《快递包装绿色产品认证目录》及《快递包装绿色产品认证规则》，对快递包装实施绿色认证在国际上尚属首例。我国率先推行快递包装绿色产品认证，也是积极履行国际减排承诺、展现大国担当的重要体现，为推动全球快递包装行业绿色发展提供了中国方案。2020 年 10 月 22 日，市场监管总局发布《关于开展小微企业质量管理体系认证提升行动的通知》，要求进一步发挥试点的示范作用，帮助更多的小微企业提升质量，在新形势下，小微企业质量管理体系认证提升行动深入开展，管理体系运行科学有效，小微企业正在向高质量发展迈进。

第一节　研究意义

企业价值提升是企业最终经营和管理的体现，针对认证对环境和经营管理的影响，企业应该正确理解 ISO 14001 和 OHSAS 18001 的内容和要求，积极宣传和推广先进思想，加大企业各环节沟通，积极推进利益相关方参与预防风险，进一步扩大辐射面，提出促进企业提升经济绩效的思路与建议。2020 年度中国检验检测认证服务业营业总收入超过 3500 亿元人民币，吸纳就业人员 140 万人以上，多年来中国一直是全球增长最快的检验检测认证市场。检验检测行业均以 10% 以上的增速发展，2022 年中国质量检验检测行业的市场规模将达 5842 亿元，环境检测行业市场规模将达到 1237 亿元，第三方检测市场规模将达到 1515 亿元，预计到 2025 年中国检验检测市场规模将达 8000 亿元。可以看出，管理体系认证是非常值得我们关注的行业，但是目前对于管理体系认证的研究或集中在框架构建和理念模式上，或集中在案例浅层尝试上，其他则停留在以传统财务会计研究框架为支撑的层面，理论成果较少，且实际可行性较差。

就环境管理体系认证的当前研究而言，现有结论是矛盾的。该认证作为我国从企业微观层面加强环境保护的重要表现形式，对企业进行环境管理体系建设提出了更严格的要求与标准。环境管理体系认证带来更严格的环境保护的同时，也给企业带来了一定的经营冲击，面对需不断增加的环保投入，企业必须采取积极、主动的应对措施。目前国内外对于管理体系认证的经济后果研究出现了两种主要的结果。一部分结果是负面的，环境管理体系认证具有一定的形式主义从而增加企业成本，降低企业效率。Boiral（2011）指出，这些认证更多关注过程而非企业实际绩效，企业的运营成本和组织复杂性增加，另外还有过度文件化管理现象，或使企业在认证效果方面流于形式缺乏实质，难以提高其可持续发展能力。Prajogo 等（2012）认为认证、审查、监督、再监督流程复杂且频繁，增加了时间成本和经济成本，导致企业在无法看到经济效率提升时，没有动力全力实施这些标准。Ghahramani（2016）发现，虽通过 ISO 认证的公司比非认证公司有更好的环境理念，但认证公司的管理系统并未与企业原有管理体系有效融合，企业环境水平改善有限。但另一部分研究结果是正面的，认为管理体系的认证可以提高企业在各个方面的管理水平，最终提高企业绩效。Santos 等（2011）发现，企业在刚刚通过认证的几年，会增加组织复杂性和实施成本，然而随着时间的推移，边际成本会逐渐降低，管理的有效性不断改善，二者呈现 U 形关系。Fernández 和 Gutiérrez（2011）认为长期来看，认证流程与原有管理流程的融合，会逐渐强化流程、技术、员工、政治因素的动态能力和整合度，这些经验使公司更加了解其当前认证项目的重点维度，增强了公司的能力，以及与内部和外部利益相关者在环境和社会领域的交流，并允许企业转向新的可持续发展程序，提高运营效率。Wang 和 Lin（2016）对中国制造型企业的研究发现，通过 ISO 9000、ISO 14001、OHSAS18000 三类认证多的企业，其可持续发展效率高于同类型认证少的企业。

　　就职业安全健康管理体系认证而言，现有结论同样是矛盾的。与发达国家相比，我国劳工保护的立法相对滞后，存在一定的社会成本不经济性，认证监管模式正在成为劳动者保护的第三条道路并发挥积极作用。理论上讲，积极的方面是职业安全健康管理体系认证可能会倒逼企业创新进而提高效率：其一，从认证本身来看，职业安全健康管理体系认证是一项国际公认的企业保护劳动者措施，通过进行该认证、建立劳动保护体系，可以减少劳动者由于职业带来的健康危害，提高监管质量，带来狭义的社会公平（如社会公正和执行效率），为企业进行创新活动提供安全稳定的企业环境。其二，从认证带来的成本角度来看，进行环境管理体系认证增加了企业的运营成本，高的环境管理成本将倒逼企业提高科技水平，提高生产率，人力资源成本的上升是我国企业进行创新研发、技术进步的动力，带来企业转型升级。其三，从认证带来的经济收益角度来看，职业安全健康管理体系认证明显增强了企业的销售额，提升了消费者的稳定性和忠诚度。另外，投资者和债权人认为有实力、有意识积极施行认证的企业，其出现劳企纠纷的风险较低，降低了企业的融资成本，故而企业会摒弃一些短视眼光，将精力投入到有利于长远发展的创新研发项目中来，而且增强环境保护能够增加企业的研发投入，促进创新产出。但消极的方面是职业安全健康管理体系认证可能会阻碍企业的创新投入，企业如果仅为了形式主义，未将管理体系真实落地，那么通过的认证就流于象征性，缺乏实质价值，如果认证系统无法与企业原有的管理体系有效融合，会增加组织复杂性、认证成本和运营成本，导致企业僵化的官僚管理，无法提高其可持续发展能力（Boiral，2011）。企业在无法看到经济效益或效率提升时，没有动力全力实施这些标准（Prajogo 等 2012）。另外，管控会提高企业用工的调整成本，一定程度上损害了企业的经营弹性，导致企业经营弹性的下降（廖冠民等，2014），继而影响企业的投资决策，各种成本的增加无法为企业带来创新投资动力。

第二节　研究主要内容

企业管理体系共包括质量管理体系、环境管理体系和职业安全健康管理体系三种，质量管理体系认证历史较长，且基本所有企业都持有该认证，不便于分析认证的差异，所以本书选取环境管理体系和职业安全健康管理这两种非强制认证，探讨二者对企业可持续发展、财务和企业创新的后果，具体的研究步骤包括：（1）分析环境管理体系认证与企业可持续发展的关系；（2）从排污费用、营业成本和资产报酬率三个角度探讨环境管理体系认证对它们的后续影响；（3）分别分析环境管理体系和职业安全健康管理体系是否能促进企业创新。

本书的主要贡献在于：（1）本书丰富了国内企业管理体系认证的经济后果研究，一定程度上证实了认证在企业的真实落地情况，是对企业管理、环境管理和劳动安全相关问题研究的拓展和深化，也将为加快企业"高精尖"、实现"中国制造 2025"提供支撑。（2）目前国内对于管理体系认证的研究大多是基于政策性和制度性进行的，以框架结构和理念模式分析为主，本书从企业可持续发展水平、财务和创新的角度研究非政府强制政策与微观企业行为的作用，为企业可持续发展和创新驱动提供实证支撑。（3）管理体系认证作为我国企业环境管理和员工健康管理主动性增强的一个重要标志，研究认证的激励作用能够为企业进行经营决策、提高环境和劳动保护提供理论指引，为企业提高创新力提供新的途径，鼓励企业积极进行管理体系认证。（4）过去由于数据来源的限制，研究管理体系认证的实施有困难，为后续成本预算和绩效评价体系赋予环境性，既可以为未来认证价值传导机制研究提供支撑，也可以为环境管理体系认证 ISO 14000（2015 版）和职业安全健康管理体系认证 ISO 45001（2018版）新标准发布后，面对"算账管理"和定期自主评估绩效新要求的企业环境管理和员工职业健康安全管理措施提供决策的有效手段。（5）本书为深入研究我国企业如何应对全球标准认证要求带来的机遇和挑战开拓了新思路和新路径。

鉴于上述的介绍可以看出，本书选取管理体系认证这个话题的研究是非常必要的，但是目前的研究主要集中在国外，且学者们得到的研究结论相互矛盾，让人无所适从。错综复杂的国际环境带来新的矛盾和挑战，我们要保持战略定力，着力办好中国自己的事，提高自主创新，扩大内需，畅通国内经济循环，深入参与国际循环，以应对全球性挑战。企业作为经济发展的微观主体，必须从危机中孕育先机，于变局中开新局面，笔者借本书抛砖引玉，浅析管理体系认证是否在企业真实落地，是否能真实地帮助企业增加创新和竞争优势、打破绿色壁垒。如果管理体系认证真的能与企业管理有效融合，进而最终体现在宏观经济数据上，将有助于中国共产党全面领导下的现代化经济体系建设取得进展，丰富人民精神文化生活，提高生态文明建设，增进民生福祉。

第二章　管理体系认证简介和研究现状

　　企业管理体系共包括质量管理体系、环境管理体系和职业安全健康管理体系三种。截至 2017 年年底，中国检验检测认证服务业营业总收入高达 2632.52 亿元，吸纳就业 121.3 万人，管理体系认证颁发 85.5 万张，中国是全球增长最快的检验检测认证市场，连续多年位居世界第一。其中职业健康管理体系认证占总管理类认证数的 6% 以上；环境监测比重也持续上升，环境管理体系认证共颁发 111782 份，占总管理类认证数的 13%。在目前如此大体量颁发管理体系认证的情况下，认证是否达到了提升可持续发展水平、财务水平和创新这一初衷呢？我国自改革开放以来就对环境问题极为重视，1992 年联合国环境与发展大会后可持续发展成为全世界共识，可持续发展成为我国政策关注的重点，人与自然和谐共处多次在政府文件中被提及（韩晓慧等，2016）。国外有相关的文献证实了企业在通过管理认证后会减少排放废弃物等不良的环境行为，也可能增加劳工健康安全保护。Delmas 和 Toffel（2004）认为通过各项管理认证系统，企业可以提高可持续发展水平。Potoski（2005）的研究说明通过 ISO 14001 认证的企业废物排放更少，可以降低环境污染。Ejdys 和 Matuszak-Flejszman（2010）也曾指出通过国际管理体系认证有助于企业实现可持续发展。在马来西亚，制造业企业认为通过 ISO 14001 认证是一项成本，带来的收益就是可持续发展（Jayashree 等，2015）。对于国内制造业企业管理认证体系的研究则证实，近年来企业有通过多个管理认证体系的趋势，这对于提高企业可持续发展的效率是有帮助的（Wang，2014）。尽管管理体系认证对于可持续发展有所裨益，但基于理性人假设，有助于实现股东利益最大化或利润最大化，企业才有认证动机，也就是说通过认证可以给企业自身发展带来一定益处。如果将通过 ISO 认证视为无形资产，这一资产可以提升品牌价值（Martín-pena 等，2014）。这可以解释为通过 ISO 认证的企业将被公众视为重视环境保护、具有社会责任意识的企业，而不仅仅是追求自身利益最大化，将更容易获得公众的好感。这种好感可以转化为对公司产品的需求，增加公司的销售额，从长远来看可以提升公司绩效。管理体系不仅可以促使公司收入增长，还可以帮助企业控制成本、优化经营流程、降低人力资源风险、减少不必要的浪费、提高资源利用率，因此可以促使公司成本降低，获得更大利润空间。从利益相关者管理的角度考虑，披露非财务信息可以使利益相关者更全面地了解公司，增强对公司的信心，做出更加合理的投资决策。披露的非财务信息可以使投资者更加关注环保和劳动者安全领域，这些信息已经成为投资者判断资本市场风险和收益的依据之一（Salo，2008）。

第一节　认证简介

ISO 是国际标准化组织，是由多国联合组成的非政府性国际标准化机构，1946 年成立于瑞士日内瓦，现有正式成员国 120 多个，针对劳动保护、产品安全、环境现象和企业发展模式，制定适合所有企业的管理标准，督促企业的技术和能源研发进步，保护劳动者职业健康，巩固国际市场产业链，拓展各国的国际市场。

随着我国经济的迅猛发展，我国的劳动关系、职业安全问题日渐凸显，职业安全健康已成为影响社会经济可持续发展的关键因素之一，OHSAS 18001 系列标准及由此产生的职业健康安全管理体系认证制度是近年来全球流行的管理体系标准的认证制度，能够为组织提供有效控制风险的管理方法，其核心是建立覆盖 17 个要素标准的管理体系，实行有效的控制措施。我国对职业健康安全管理一直十分重视，2001 年颁布《安全生产法》，2002 年颁布《职业病防治法》，同时 2001 年发布并实施《职业安全健康管理体系规范（GB/T 28001—2001）》。随着国家对劳动保护问题的日益重视，我国先后于 2008 年实施新的《劳动合同法》，并于 2011 年实施《职业健康安全管理体系要求》

（GB/T 28001—2011），自此，OHSAS 18001 对我国企业保护职工健康和安全管理提出了更严格的要求。2008 年我国新的《劳动合同法》实施时，曾在国内外学术界引起巨大反响，随着时间的检验，劳动保护对经济的正向影响逐渐凸显，劳动保护的增强促进了企业间的优胜劣汰，为我国经济转型提供内生性的动力，而职业健康安全管理体系认证的引入是我国劳动保护增强的又一个重要标志。ISO 45001（2018 版）标准与 OHSAS 18001 标准相比无论在结构、内容方面又有很大变化，主要体现在采用了 ISO/IEC 导则规定的标准架构、增加了"组织所处的环境"要求、基于风险的思维、强调将 OHSAS 管理体系融入组织的业务过程、强化了领导作用、员工协商和参与、细化了危险源辨识和风险评价的要求、细化了运行控制八个方面（王顺祺，2018）。职业健康安全管理体系是由第三方公证机构以现有的 OHSAS 18001、ISO 45001 等职业健康安全管理系列标准为评判基础，评定委托方的管理体系是否达标，并对达标企业颁发管理体系认证证书，且予以登记入册并公开，表明该委托方具有符合 OHSAS 18001、ISO 45001 等管理系列标准的要求来提供产品或服务的环境保证能力。职业健康安全管理体系认证流程主要由以下几个环节组成：（1）交流企业情况，向相关人员咨询企业申请认证的可行性；（2）提交申请书，填写管理体系认证申请表与附件认证信息调查表，申请书受理并过审后，双方签订管理体系认证服务合同；（3）第一阶段审核，申请者提交企业的职业健康安全管理体系手册以及相关文件，审核组对其文件进行审查，审查结果以书面报告的形式发送给申请者；（4）第二阶段审核，审核组将按照认证规范程序进行企业现场审核；（5）实施纠正措施与跟踪验证；（6）正式颁发证件，该证书的有效期限为三年。

环境管理体系认证是继 ISO 90000 质量管理体系认证之后提出的又一认证体系，它是由第三方公证机构依据公开发布的环境管理体系标准（ISO 14000 环境管理系列标准为标准族，ISO 14001 是其中的一项认证标准），对生产方的环境管理体系进行评定，通过评定的生产方企业由第三方机构颁发环境管理体系认证证书，并给予注册公布，证明生产方具有按既定环境保护标准和法规要求提供产品或服务的环境保证能力。通过环境管理体系认证，可以证明生产厂在生产时所用材料、生产环节及生产之后产生的废料处理环节等是否符合环境保护标准和法规的要求，它是评定企业是否为绿色环保企业的国际通用标准和重要指标，对企业实现可持续发展有着推动作用。环境管理体系是一个组织内全面管理体系的重要组成部分，包括组织的环境方针、目标和指标等管理方面的内容。1996 年，我国环保局便授权"国家环保局环境管理体系中心"对不同地区、不同行业的几十家企业进行环境管理体系认证的试点工作，年末，北京松下显像管有限公司成为我国第一个获得 ISO 14001 证书的企业。次年，我国对环境管理体系认证进行国家标准化认证——国家技术监督局于 5 月正式建立"中国环境管理体系认证指导委员会"，下设"中国环境管理体系认证机构认可委员会"和"中国认证人员国家注册委员会环境管理专业委员会"，主要对我国从事 ISO 14001 标准认证的机构进行资格认证，负责将我国从事 ISO 14001 标准认证的审核人员登记注册。到 2013 年年底，我国有 103 家 ISO 14001 认证机构经过了国家认证认可委员会批准，有效 ISO 14001 证书有 96580 张。我国从 1999 年开始，国家环保局针对全国的 46 个环境保护重点城市进行"ISO 14000 国家示范区"活动，通过打造一些人口、资源、环境相协调的示范区，以经济技术开发区、风景旅游区、高新技术开发区为对象，推动实施 ISO 14000 标准，促进可持续发展战略的实施。直到 2007 年年底，我国共批准了 32 个"ISO 14000 国家示范区"。欧洲作为 ISO 14000 系列标准的起源，其通过环境管理认证的企业数量居于世界前茅。1992 年，英国率先提出了关于环境管理体系的标准，名为 BS7750；1993 年，德国开始实行 EMAS，即生态管理和审计计划，随后其他欧盟国家也加入其中。但是在 1996 年 ISO 14001 推行之后，欧洲国家纷纷接受了这项标准，并对自己所实行的制度进行修改，直到后来通过 ISO 14001 认证的企业数量远远超过了原有认证。据国外媒体报道，采取 ISO 14001 认证的企业均有效地节约了能源，获得了明显收益，在效益驱动下，目前欧洲推行 ISO 14001 最为积极。美国也积极参与 ISO 14001 的推广，通过认证的公司数目仍处于全球领先行列。ISO 14000 是目前世界上最全面和最系统的环境管理国际化标准，受到世界各国的企业及组织的普遍重视与积极响应。该系列环境管理体系标准是国际通用的标准，若能通过认证，有利于企业在国际市场的发展，消除部分非关税贸易壁垒；再者，该系列环境管理体系标准能运用于各行各业的组织，具有广泛适用性，是推动企业经济绿色增长的有效工具；同时，该标准还具备灵活性，除了要求组织在其环境方针中对遵守相关法律法规并持续改进做出承诺外，其对环境表现的要求并非绝对化，故从事类似生产经营活动但环境表现不尽相同的经济体，都可以达到标准要求。

第二节　研究现状

作者整理了与管理体系认证相关的国内外文献，前期研究的主要群体集中在国外，近几年我国开始有学者在高质量期刊上发表与管理体系认证相关的论文。研究的主要重点可以分类为九个方面：企业认证 ISO 9001 的动机、企业认证 ISO 14000 系列的动机、企业认证 OHSAS 系列的动机、管理认证与可持续发展水平、管理认证与财务绩效、管理认证与创新角度、负面的结论、管理系统集成和其他角度（见表 2-1 至表 2-9）。需要说明的是，国外学者对企业集成管理系统的研究也是目前的一个热点，主要集中在两个方面：一是企业进行管理系统集成的动因；二是集成对公司价值的贡献。管理系统集成对公司价值的贡献仍存在诸多争议。标准化管理体系是企业可持续发展的有力工具，作为企业获得社会认可的资格证和谋求壮大的通行证，这些标准认证能够帮助企业在中国经济"新常态"和"一带一路"倡议背景下提高竞争力、应对各种挑战。企业管理系统标准集成是将 ISO 9000、ISO 14001、OHSAS 18001 一体化实施，推动企业由粗放型管理向集约型管理转变，缓解信息不对称方面的正面作用也许能够超过认证成本增加带来的负面影响。

一、企业认证 ISO 9001 的动机

表 2-1　企业认证 ISO 9000 的动机

作者	研究结论
Tang 和 Kam（1999）	香港工程公司通过认证最重要的原因是响应政府的要求
Bhuiyan 和 Alam（2004）	美国公司通过认证最重要的原因是维系与欧洲市场的商业关系

续表

作者	研究结论
Corbett（2008）	证实外国客户是企业通过质量管理体系认证的重要原因
Clougherty 和 Grajek（2014）	发现 ISO 9000 是共同的语言信号和质量信号，增强了国家间贸易；由于成本的影响，发达国家的 ISO 9000 代表标准化，贫穷国家的 ISO 9000 代表贸易壁垒
Riillo（2015）	对 2005 至 2011 年间的文献进行统计分析发现，ISO 9000 认证与企业绩效正相关结论的文献多于负相关的文献；国家和地区之间的认证扩散与认证数量不均衡；认证费用只是 ISO 9000 成本的一部分；大公司比小公司承担的总成本更高，且每个员工的平均成本随着公司规模的减小而降低
Oskar 和 Niklas（2016）	分析了企业认证 ISO 9000 的潜在动机，虽然认证提高了顾客的质量感知和满意度，但并非企业申请认证的主要动机
Phan 等（2016）	实施 ISO 9000 显著提高了质量流程和质量性能

二、企业认证 ISO 14000 系列的动机

表 2-2　企业认证 ISO 14000 系列的动机

作者	研究结论
Christmanna 和 Taylor（2001）	研究表明，环境规制水平后，"污染避难所"假说在中国并不必然成立，发达国家制定的环境标准会促使中国企业为改善环境行为而积极采纳 ISO 14001 认证
Andonova（2003）	发现外商直接投资可以促进 ISO 14001 的扩散
Delmas 和 Montiel（2008）	发现外商直接投资无法促进 ISO 14001 的扩散
耿建新（2006）	发现 ISO 14001 类似于发达国家给发展中国家设置的非关税贸易壁垒，通过认证可以帮助企业取得跨国经营的绿色通行证，拓展营业市场
Nishitani（2009）	日本公司通过 ISO 14001 的重要动机是进行国际贸易
Arya 和 Zhang（2009）	对南非上市公司研究发现，明星企业通过 ISO 14001 的动力更大
Wiengartin 等（2013）	对比北美和西欧的企业发现，ISO 14000 更多是基于降低上下游企业环境风险的考虑，而非法律规制的影响
Manisara（2014）	发现泰国实施 ISO 14000 的企业可以获得更大的组织信任，提升企业形象

续表

作者	研究结论
Hasan 和 Chan（2014）	发现 ISO 14000 能够减少浪费、提升环境效果和产品质量，改善企业声誉；但由于其在认证、维护、监控、培训、审核等方面花费过多员工精力和企业成本，导致整体成本增加，工作效率较低，且无法增加其销量和市场占有率，无法提高企业利润；ISO 14000 有助于国际市场的制造型企业减少浪费、降低成本
Jayashree 等（2015）	马来西亚的制造型企业将 ISO 14000 看作一项成本，其收益是带来了更大的环境性能和可持续性，高管的环境承诺对 ISO 14000 实施和效果有重要影响
Lacoul（2015）	通过实证分析了企业成功实施 ISO 14000 环境管理体系的影响因素
Rao 和 Hamner（2016）	使用结构方程模型，显著减少了污染物排放量，资源利用率提高
翟华云和张瑞（2021）	实证研究发现，行业内的环境管理体系认证行为受上年度该行业认证数量的影响，认证行为具有传染效应，融资约束水平低和所在地市场化水平高的企业受到的传染效应更明显，企业进行环境管理体系认证是一种跟风行为，企业的认证受制度压力的影响，是一种被动的跟风行为

三、企业认证 OHSAS 系列的动机

表 2-3　企业认证 OHSAS 系列的动机

作者	研究结论
Geibler（2006）	指出由于相关标准的缺乏，很少有实证研究关注 OHSAS 带来的狭义社会公平（如社会公正和效率）
Robson 等（2007）	认证减少受伤率和事故率及相关成本，提高了员工参与度和生产效率
Chen 等（2009）	发现台湾电路板企业进行职业健康安全管理体系认证的外部动机是外国客户的要求，内部动机是改善公司形象，且上市公司通过 OHSAS 18001 的比例更大
Mishra 和 Suar（2010）	认为国有企业更关注员工健康和安全，员工工作环境和福利更好
Marhani 等（2013）	马来西亚政府虽积极推动 OHSAS 认证，但企业接受度一般，文章分析了实施 OHSAS 18001 的最佳实践方案和可接受的水平
Abad 等（2013）	证实实施 OHSAS 标准后，事故率显著降低，劳动生产率显著提高，OHSAS 是有助于实现安全管理和经营成果的有效工具
Rajkovic 等（2015）	将 OHSAS 集成到综合管理系统，以减少伤害和损失，提高监管质量

作者	研究结论
Sunku 和 Pasupulati（2015）	管理者的承诺和企业的安全文化是实施 OHSAS 18001 的最大驱动力
Tan 等（2015）	只有管理层的承诺和支持环境的举措会积极影响 OHSAS 18001 管理系统的采用，工作投入、激励和认同不显著影响 OHSAS 18001 采纳
Ioppolo 等（2016）	发现 OHSAS 很重要，只有调动员工参与度，才能使整合系统有效实施
Piotr（2016）	分析了职业健康安全管理体系在企业管理系统一体化实施中的地位和执行顺序，并为企业提出了高水平集成的可能模式
Chemwile（2016）等	发现 OHSAS 能提升组织绩效
Bevilacqua 和 Ciarapica（2016）	分析了 OHSAS 标准成功实施的基础是企业决策，失败因素有官僚主义、专业度不足、高认证费用
Paas 等（2016）	发现爱沙尼亚的企业认为实施 OHSAS 18001 能够提高其安全性能，因此有主动申请认证的意愿
王顺祺（2018）	指出 ISO 45001（2018 版）标准与 OHSAS 18001 标准在结构、内容方面的八个主要变化及变化原因
孙娅婷和左兆迎（2020）	分析了大宗散货机械取样的风险因素，以及根据职业健康安全管理工作采取的管理措施

四、管理认证与可持续发展水平

表 2-4 管理认证与可持续发展水平

作者	研究结论
Melnyk 等（2003）	发现企业规模越大，越有实力进行管理体系认证以提高可持续发展水平
Delmas 和 Toffel（2004）	认为企业或者受法律法规的规制，或者受政府补贴的诱导，通过各项管理系统认证以改善可持续发展水平
Kristina 和 Fredrik（2005）	发现集成的管理系统（IMS 全称 Integrated Management Systems，包括 ISO 9000，ISO 14001，OHSAS 18001）比单一的管理系统认证更有利于企业的可持续发展

续表

作者	研究结论
Bansal（2005）；Sharma 和 Henriques（2005）；Henriques 和 Sadorsky（1999）	组织中有对可持续管理有高水平要求的主要利益相关者，是企业实施管理系统集成的重要的动机，否则企业可能承担相应的损失。但若组织的利益相关者只关注经济增长、环境保护和社会公平中的一两项内容，其只会将成本投入到相对应的管理系统认证
Ejdys 和 Matuszak-Flejszman（2010）	指出企业实现可持续发展目标的战略之一是进行国际标准化管理体系认证
Hoang 和 Rao（2010）	构建了环境维度和社会维度的可持续效率
Chinese Academy of Social Science，（2012）	中国社会科学院应用综合分析框架来跟踪评估 300 家企业的经济、环境和社会的能力，进而得出可持续发展绩效
Gavronski 和 Paiva（2013）	许多企业利用管理体系标准认证来改善环境、质量和社会绩效
Wang 和 Lin（2016）	从财务、环境、社会三维度构建了企业可持续发展效率指标
Standard & Poor（2016）	以人力、资本、运营开支等作为投入组合的投入量，构建可持续发展输出量指标
Wang 和 Lin（2016）	对中国制造型企业研究发现，通过 ISO 9000、ISO 14001、OHSAS 18001 三类认证多的企业，其可持续发展效率高于同类型认证少的企业（认证数量代表能力的积累），但认证时间和效率提高之间存在 U 形关系
Borella（2016）	利用四象限可持续定位法分析了企业实施三个认证对可持续发展能力的影响
Wang 和 Lin（2016）	不同认证之间会发生协同作用并在组织内集成，共同解决经济、环境和社会问题，这个经验使公司更加了解其当前的认证项目的不同方面，增强了公司的能力与内外部利益相关者在环境和社会领域的交流，并允许企业转向新的更有效的方向，企业追求可持续性认证程序，以提高工作效率

五、管理认证与财务绩效

表 2-5　管理认证与财务绩效

作者	研究结论
Pan（2003）	我国香港和日本的公司都通过 ISO 9001 改善产品质量，但仅日本公司借此降低生产成本
Hale（2003）	发现企业进行质量管理能够提高财务绩效和市场绩效
Douglas（2003）	认为 ISO 9000 能通过提高产品质量、降低成本、改善市场形象、增强顾客满意和提高运作效率使企业获得竞争优势
Lee（2005）	发现马来西亚公司通过 ISO 14000 后更容易进入国际市场，国内和国外市场份额均有所增加
Prakash 和 Potoski（2006）	出口主导型企业更看重自身的环保价值和社会标准，通过国际标准认证作为可见信号以吸引潜在国外客户
Khanna 等（2007）	上市公司更愿意申请各类标准认证以应对各方利益相关者的压力，增强股东信心
Johnstone 和 Labonne（2009）	发现企业可持续发展认证能够减少政府检查频率，进而降低出口难度
Johnstone 和 Labonne（2009）	从国外消费者，特别是工业买家视角研究发现，他们将国际标准管理认证体系视为降低信息不对称性的工具
Aba 和 Badar（2013）	讨论了 ISO 9000 和 ISO 14000 潜在的协同优势
De（2013）	认证企业在提供年度标准报告的过程中，提高了信息透明度，改善了和利益相关者的关系
Adam 和 Radomit（2013）	ISO 9000 对企业的可持续发展有积极稳定的影响；ISO 14000 对企业的可持续发展有积极稳定的影响；ISO 9000 和 ISO 14000 同时实施比单独实施有更好的效果，二者在可持续发展的背景下对企业的稳定会产生协同影响；为此投资较多的公司可以有更高的质量预防体系，故障成本低，经济效益更好；但采用 ISO 14000 是 ISO 9000 实施后的第二个步骤，大多数企业采用 ISO 9000 早于 ISO 14000
Potoski 和 Prakash（2013）	认证使利益相关者减少了信息不对称，降低了筹资成本
Ahmad 等（2013）	指出质量管理实践对企业绩效的重要性

续表

作者	研究结论
Chris 等（2014）	通过对 211 家美国制造型企业研究发现，认证增强了安全性能以及提高了劳动生产率、销售水平和盈利能力，并且这些好处实现了耦合增长
Vahedi 和 Lari（2014）	识别和评估了 ISO 9000 证书对德黑兰证券交易所上市公司的财务绩效的影响；财务指标包括盈利比率（资产收益率、净资产收益率、销售利润率等）和活动比率（存货周转率、总资产周转率、回收期等），样本为 85 个在 2006—2008 年期间无 ISO 证书、2008—2011 年期间有 ISO 证书的企业，结果显示，ISO 认证与资产收益率、总资产周转率等显著正相关，ISO 认证与销售利润率、存货周转率显著负相关，与资产回报率无相关关系
Senaratne（2014）	ISO 9000 最明显的优势是提高产品质量；ISO 还能改善管理流程，提高过程管理效率；提高员工生产力、优化资源利用率、提高市场占有率；没有发现斯里兰卡上市企业认证前后利润增长率和股东回报率有明显变化；许多公司通过认证后，执行认证是个困难的过程，所以要警惕两张皮现象
Jong 等（2014）	认为 ISO 认证能够提供更高的质量意识，提高员工的工作效率，获得更好的质量控制，明确管理责任，从而使认证公司获得收入增加、资金充裕、降低成本、增加利润、提高市场竞争力等优势
Chatzoglou 等（2015）	ISO 9000 的实施改善了市场占有率、客户满意度和销售收入，进而提高了整体财务业绩。然而，企业实施 ISO 9000 的动机主要来源于内部管理层寻求质量改善，而客户的需求并非实施 ISO 认证的最重要的动机
张三峰（2015）	出口与企业采纳 ISO 14001 认证存在显著正向关系，通过全球价值链传递的国外非正式规制有利于中国企业环保行为的改善；国内公众环境关注能有效推动企业贯标 ISO 14001；在其他条件不变下，出口到欧洲和北美洲对企业采纳 ISO 14001 认证有积极作用
Kim 等（2015）	发现实施 ISO 9000 认证能够提升供应链质量和企业绩效，对上游供应商、下游采购商和信息技术管理提升均有积极效果
Wang（2015）	ISO 14000 可以降低材料成本，实施 ISO 14000 后市场份额会增加
Kositapa（2015）	对实施 ISO 14000 的企业进行了成本—效益分析
Kartha（2016）	以美国和印度的公司为例进行研究，发现认证公司的客户满意度、盈利能力和生产力都有显著提高

作者	研究结论
Federica 和 Laura（2016）	通过问卷调查发现，集成管理系统能够提升意大利消费者的客户满意度
Kusumah 和 Fabianto（2016）	以印度尼西亚制造型企业为研究对象，ISO 9000 企业的财务绩效在认证前、认证后、认证三年后有显著变化
Jain 和 Ahuja（2016）	印度企业通过实施 ISO 9000 质量管理体系提高了经营业绩，但需要协调其他管理标准与 ISO 9000 的关系，以提高企业竞争力
Chung 等（2016）	发现台湾企业实施 OHSAS 与竞争力有显著相关性，可以降低事故率，减少营运成本，提升管理效率和员工的安全意识
Palacic（2016）	证实实施 OHSAS 标准降低了工伤和事故，并减少了财务费用
张兆国等（2019）	通过实证研究发现，环境管理体系认证对企业环境绩效有正向影响，并在 2015 年新的环保法颁布实施之后作用更加明显，企业财务绩效在环境管理体系认证影响企业环境绩效中起到正向调节作用；政府监管、行业竞争和舆论监督在环境管理体系认证影响企业环境绩效中均起到正向调节作用；企业环境信息披露在环境管理体系认证影响企业环境绩效中尚未起到正向调节作用
于连超和毕茜（2021）	环境管理体系认证能够显著抑制股价崩盘风险，且当媒体关注越高、分析师关注越高时，环境管理体系认证对股价崩盘风险的抑制作用更强。环境管理体系认证主要通过治理机制和信息机制来影响股价崩盘风险
于连超等（2021）	环境管理体系认证能够显著缓解企业融资约束，且这种缓解作用随着时间推移而不断提升。与国有企业相比，环境管理体系认证更能显著缓解民营企业融资约束，环境管理体系认证主要通过提升企业环境绩效和提高企业信息透明度来缓解企业融资约束，可见环境管理体系认证既可以作为一种"环境治理工具"，又可以作为一种"信息传递工具"来提高企业信息透明度，从而缓解企业融资约束
于连超等（2021）	环境管理体系认证能够显著提升企业投资效率，与国有企业相比，环境管理体系认证更能显著提升非国有企业投资效率，且这种异质性主要表现在缓解企业投资不足方面，不能抑制企业投资过度的行为。环境管理体系认证有助于企业获得更多的政府补助、机构持股、银行贷款来缓解企业投资不足，提升企业投资效率

六、管理认证与创新角度

表 2-6　管理认证与创新角度

作者	研究结论
Aragon-Correa 和 Sharma（2003）	企业面临的竞争水平和认证通过率正相关
Santos 等（2011）	成功实施管理系统的好处会影响企业的文化和组织结构，有利于创新研究，促使企业未来申请更多元的管理认证
Simon 和 Yaya（2012）	认证系统整合能够增加大产品创新，提高客户满意度
Rout 等（2013）	认为 ISO 标准认证代表了现代化管理方式，能够增强实效性、品牌价值和产品质量，稳定市场地位，增强企业在全球市场的竞争力
Okrepilov（2013）	将标准化视为企业创新的重要工具
Tamayo-Torres 等（2014）	认证可以通过四个途径促进认证企业的有效学习和动态能力的发展，分别是认证参与、定性组合、定量扩展、时间积累
Martín-pena 等（2014）	将认证视为无形资产，提升品牌价值

七、负面的结论

表 2-7　负面的结论

作者	研究结论
Ambika 和 Amrik（2005）	基于澳大利亚三家公司的案例证明集成管理系统可以提高资源利用率、劳动生产率，未发现与企业财务绩效的显著相关作用
Morris（2006）	认为 ISO 9000 在企业质量绩效改进方面作用有限，对质量竞争力无显著帮助
Weber（2007）	认为企业往往更看重获得认证，而不是认证的实施，故系统的设计不能完全适应企业的动态能力建设和绩效改善
Benner 和 Veloso（2008）	没有发现 ISO 对财务绩效的显著作用，因为越来越多的公司通过同类型认证，采用的技术和流程趋同，导致过程管理的好处在行业中体现不出来
Paulraj 等（2011）	没有发现 ISO 14000 对财务绩效有显著的促进作用，相反会降低效率
Boiral（2011）	这些认证更多关注过程而非企业实际绩效，增加了组织复杂性、认证成本和运营成本，过度文件化管理导致企业僵化的官僚管理，或使企业流于象征性而缺乏实质价值，所以无法提高其可持续发展能力

续表

作者	研究结论
Prajogo 等（2012）	发现持续认证和审查需要成本，导致企业在无法看到经济效益或效率提升时，没有动力全力实施这些标准
Qi 等（2013）	通过对中国企业的实证分析发现，不同利益相关者对三大认证存在异质性反应
Ghahramani（2016）	虽然通过 OHSAS 认证的公司比非认证公司能够更好保障员工拥有更好的职业健康与安全实践，但认证公司的管理系统并未更有效实施，安全文化改进有限

八、管理系统集成

表 2-8 管理系统集成

作者	研究结论
Benner 和 Tushman（2003）	认为多项认证可以在组织产生协同效应，通过规模经济和降低运营成本转化为更大的效率增量
Gagnier 等（2005）	系统集成能够提升公司形象，提供更好的产品和服务，改善财务及营运表现
Pheng 和 Kwang（2005）	分析了 30 家新加坡建筑企业发现，通过整合认证的大规模企业，成本和收益有改善，小企业没有明显变化。大部分企业认为综合管理系统（IMS）会有好处，只有少数企业是迫于监管的强制压力
Prakash 和 Potoski（2006）	发现富裕地区的居民更注重质量和环境问题，对二者集成水平要求更高
Zeng 等（2007）	已发现企业有整合系统认证的趋势，并开始强调协同利益
Arifin 等（2009）	以马来西亚 26 家企业为例实证发现，实施 OHSAS 18001 对当前成本消耗有负面影响，故主动申请认证意愿不强
Muller 和 Kolk（2010）	认为企业规模越大，越有资源和知识存量来进行管理系统集成
Zeng 等（2010）	基于类似的原则和结构，企业的三个认证数量互相促进，因此管理系统一体化最终将降低企业成本，提升企业可持续发展效率
Singh（2011）	系统集成和资源整合最终会降低系统管理的成本，全面质量管理体系能够提高劳动生产率和利润
Simon 和 Yaya（2012）	三个认证以交融的方式使企业获得协同效应和更大利益，包括避免重复和冗余管理系统，简化认证流程，改进学习过程，提高组织效率

续表

作者	研究结论
Pawliczek 和 Piszczur（2013）	ISO 9000 和 ISO 14000 有潜在的协同效应
Simon 等（2013）	企业随着认证的增加，不会让不同管理系统相互独立，而是倾向于整合，尽管整合过程会面临更多的成本代价和复杂的管理体系打通
Wiengartn 等（2015），Kafel 和 Casadesus（2016），Rueda 等（2016），Almeida 等（2014），Simon（2013），Ivanova 等（2014），Bernardo（2014）	很多学者基于概念框架和流程属性探讨三认证的集成路径
Simon 等（2014）	分析了认证整合的必要性，指出集成难度与企业创新和客户满意度直接相关，但与人力资源整合水平无关
Wang（2014）	从三重底线概念（可持续发展三重底线）分析了中国制造型企业管理认证体系的效率和有效性，揭示了企业近些年有通过多个认证体系的趋势，并通过集成不断得到同化、整合、协同和累积效应，提高了企业的可持续效率
Barbara（2015）	集成化和一体化能够提高企业的应变能力和性能
McCarthy 和 Marshall（2015）	阐述整合的趋势和必要性
Hassen（2015）	以银行业为例，发现整合管理系统提高了银行应用性能和组织绩效，但也提出了系统整合面临的难题和障碍
Rajkovic 等（2015）	综合管理系统（IMS）是复杂的、动态的系统，要将现有流程整合，去除冗余。越来越多的组织已意识到标准认证集成的必要性，以平衡各利益相关者
Gianni 和 Gotzamani（2015）	整合的管理系统可以增加企业价值，提升企业可持续发展水平，但也指出集成的难度和风险及带来的后续负效应
Kafel 和 Casadesus（2016）	分析了认证系统实现的顺序和时间，并为组织实现更高层次的集成提出了模式建议
Juan 等（2016）	系统整合提高了企业声誉，提高了企业绩效
Wang 和 Lin（2016）	整合的标准化管理系统可以给企业提供更大的知识集成，强化其动态能力建设，但是标准的整合和部门组织结构等变化会增加协同的难度和延长协同的时间
Wiengartn 等（2017）	有多样认证的企业的质量、环境、职业健康安全表现会好于非多重认证企业，但也发现多样认证的企业管理系统集成度不高，未有效改善企业性能

九、其他角度

表 2-9　其他角度

作者	研究结论
Amit（2007）	发现由于认证质量阶梯的存在，发展中国家低端产品有竞争力，但高端产品因质量障碍难以对美国产品造成威胁
Yin 和 Ma（2009）	国内客户和国外客户对中国企业施加的可持续管理压力不同
Santos 等（2011）	企业在刚刚通过认证的几年，会增加组织复杂性和实施成本，然而随着时间的推移，边际成本会逐渐降低，管理的有效性不断改善。职业健康安全管理体系强调现代安全生产管理模式，目的是通过管理减少和防止因意外导致的生命、财产、时间损失，以及对环境的破坏，它与 ISO 9000 和 ISO 14001 被称为后工业化时代的管理方法
Fernández 和 Gutiérrez（2011）	企业通过时间积累，更加了解当前认证项目的内涵及管理体系的缺失，在未来的认证中，会进一步强化流程、技术、员工、政治因素的动态能力和整合度
De（2013）	发现认证刚发布时不够完善，与企业契合度不足，对企业有负效应，随着标准的改进，兼容性和有效性提高，开始逐渐表现出积极的效果
Jayashree 等（2013）	指出了如何有效实施 ISO 14000，以避免两张皮现象
Adam 和 Radomit（2013）	企业在面临 ISO 9000 和 ISO 14000 时，会优先实行 ISO 9000，ISO 9000 的接受度更广泛
Domingues 等（2016）	分析了认证的扩散路径
Zeng 等（2010）	即便企业只通过一项认证，也可以降低外界对其他认证的风险感知，提升扩散率
张兆国等（2020）	实证研究发现，环境管理体系认证能够提高企业环境绩效，发挥了"环保工具"的作用，并且这种作用在国有控股公司及新的环保法颁布实施之后更为显著；进一步分析发现，在环境管理体系认证影响企业环境绩效中，环保技术创新、环保投资和公司环境治理起到了中介路径的作用，而环境信息披露尚未起到这种作用

第三章　环境管理体系认证与企业可持续发展

可持续发展是指既能满足当代人的需要，又不对后代人满足其需要的能力构成危害的发展。可持续发展是科学发展观的基本要求之一，是关于自然、科学技术、经济、社会协调发展的理论和战略。最早出现于 1980 年国际自然保护同盟的《世界自然资源保护大纲》："必须研究自然的、社会的、生态的、经济的以及利用自然资源过程中的基本关系，以确保全球的可持续发展。"可持续发展注重社会、经济、文化、资源、环境、生活等各方面协调发展，要求这些方面的各项指标组成的向量的变化呈现单调增态势，至少其总的变化趋势不是单调减态势。从英国开始的第一次工业革命起，后续许多西方国家展开了第二次工业革命。工业革命对促进人类经济和社会的发展确实起到了很大的作用，但是当人们沉浸在工业时代的到来时，伴随着工业革命所产生的环境问题也随之而来了。所幸的是人们及时意识到了保护环境的重要性。从 21 世纪第一届"可持续发展问题世界首脑会议"开始，联合国不断推进可持续发展的理念与新政策。美国等大国不断进行着新能源的开发与研究，英国先后召开了三次可持续发展工作会议，法国将保护环境正式写进宪法，意大利、法国、希腊、葡萄牙也先后参与"欧盟可持续住宅"的建设。亚洲的许多国家也针对环境保护做出了一系列举措，如日本对柴油汽车排放尾气做出了规定；新加坡发展全民运动，对污水进行处理后鼓励国民进行二次使用；印度修正法案对野生动植物进行更加严格的管理与保护；泰国大力向普通民众推广太阳能板的政策；同时世界各国之间也在加强国际合作，共同秉持可持续发展理念进行环境保护与管理。

在过去的几十年中，中国经历了经济的巨大增长和城市化的快速进展。虽然经济的快速发展解决了世界上很多的贫困问题，但它同时带来了可怕的环境影响。据农业农村部官方估计，如果农田没有因为污染而丧失种植能力，至少可以多提供 6500 万人的口粮。据世界银行估计，到 2020 年左右，中国每年将在环境污染造成的问题上花费掉 3900 亿美元或 13% 的国内生产总值。中国只拥有全世界 8% 的淡水资源，却供养了全世界 1/4 的人口，这个原因导致中国的水资源短缺以及荒漠化。为此，我国在五年计划规划了未来的环境管理与发展，并且制定了一系列切实可行的新政策，促进区域协调发展；建设资源节约型、环境友好型社会。我国现在可持续发展披露最全面的是《上市公司可持续发展报告》，其中涉及几个主题，主要包括社会、科技、文化、环境等方面，但是该报告将研究限定在环境和可持续发展维度，具体包括公司排放污染物、工业固体废弃物综合利用率、综合能耗、各种废气排放量、工业用水重复率、建设绿地面积等。环境保护是我国政府在制定政策时重点关注的领域，ISO 14001 认证与重污染企业密切相关，是我国政府大力提倡的。ISO 14001 认证是促进企业关注环境保护、实施具体环境保护措施、减少污染排放、提升资源利用率的重要手段。考虑到这一认证方式在全球范围内普遍适用、在我国国情下易于实现，我国政府对此表现出极高的重视。在经济转型国家，政府是政策的制定者，对企业之间相互竞争的资源进行控制并且在资源分配中发挥着主导作用（Siegel 等，2008）。与政府有关系的企业在获取政府政策方向和重要资源的信息时可以获得更多的便利（Hillman，1999）。与政府有关联的企业可以提前察觉到政府对于环境问题的重视，及时通过 ISO 14001 认证以贴合政策方向。为了获得更多的资源分配，及时察觉并执行政府政策非常重要。资源倾斜可以使企业在竞争中获得更多的机会，对于公司长远发展有所帮助。因此为了实现公司长期利益，与政府有关联的企业可能会对政策更为敏感，倾向于通过 ISO 14001 政策来促进企业可持续发展。这一逻辑在中国企业中是否真实存在呢？本书试图通过研究国内 A 股已上市重污染企业来对这一问题做出解答。

在这个秉持可持续发展理念的时代，社会不仅对企业提出了更多且更严格的要求，同时社会也需要企业为环境保护与治理承担更多的责任。但是仍有很多学者质疑通过环境管理认证是否真的能够促进环境可持续发展水平，认为一个企业如果重视对环境的保护治理，那么就会增加企业的环境成本而降低利润，从而降低竞争力。通过认证后所带来的环境方面的绩效是否能够弥补认证过程所耗费的高昂成本和操作费用？在残酷的经济环境中，企业的目标是降低成本、节约资源、吸引消费者，从而达到利润最大化。有的经济学家认为应该遵守"在商言商"的原则，一个企业如果承担了太多的社会责任，那么它将无法很好地带动经济发展，环境保护与治理的责任应该交给政府和其他的社会组织承担，企业无法兼顾营利和保护环境两项任务。但是不顾环境保护的企业进行营利活动又是有悖于道德的。那么进行环境管理的企业能否促进可持续发展的水平呢？基于以上环境管理体系的研究，本章以环境管理体系是否能够促进企业可持续发展为切入点，通过分组分析方式研究政府是否对于企业通过 ISO 14001 认证促进企业可持续发展有所影响。本章重点在于分析政企关系对企业产生的影响，之前学者的研究主要着眼于政府对企业创新的影响（陈德球等，2016），但考虑政企关系与企业环境管理问题的研究较为缺乏。通过研究发现，政府对企业环境管理具有显著影响。政企关系可以从多个角度定义，本章从中选取了两种较为典型的关系进行分类，分别是国企 / 非国企和政治关联。选择国企与非国企进行分类主要是考虑到国企作为政府职能的延伸，不仅需要与非国有企业一样实现盈利，还需要承担更多的社会责任。这种社会责任表现在方方面面，在面对环境问题时也会要求国企做出表率。此外，国企与政府联系更为紧密，更容易及时获得相关政策信息并及时做出反应。对于国有企业还将根据区县控股进行进一步分类。区县控股等级越高的企业融资能力更强，从政府获得资源的能力更强。为了维护与政府之间的关系，可能需要保持更高的环境管理水平。政治关联则强调 CEO 是否曾在军队或政府部门任职。选取这一角度主要基于以下两点：一是在相关部门担任过职务的 CEO 对于政府政策更加敏感，能够敏锐捕捉到政策背后蕴含的未来政策导向，并将这一理解运用于公司的日常经营中；二是有过在相关部门任职经历的 CEO 在人际关系中会有一部分来源于政府官员，CEO 的信息来源渠道更多样化，和没有相关经历的 CEO 相比更容易获取政府相关信息，可以及时调整公司战略以应对政治环境的改变。这两个角度都能够使得公司容易获得政府有关信息并进行正确解读，这对于环境管理体系的建立是有一定影响的。本章以沪深两市污染型企业 A 股上市公司为样本，分析企业环境管理体系认证是否能够提升可持续发展水平。最终得出结论，环境管理体系认证对企业环境维度可持续发展水平有显著促进作用。进一步研究还发现，国有企业和有政治关联的企业，环境管理体系认证对企业可持续发展水平的促进效应更为显著；接着将国有企业根据实际控制人级别进一步分类后发现，环境管理体系认证对企业可持续发展水平的促进效应，在市级（含市级）以上控股的企业比区县（含区县）以下控股的企业作用更为明显。

本章贡献如下：第一，本章试图寻找政企关系与环境管理体系之间的联系，提供了政企关系在环境保护上影响的实证分析，丰富了我国进行环境管理体系研究的思路。在之前的研究中几乎没有学者将这两点结合起来进行考虑。对于政治关联的研究专注于政府是如何影响企业绩效的，这其中的机制包括融资能力增强、促进创新等，但考虑到环境问题的研究比较少，而对于环境管理体系的研究专注于管理流程的优化和对企业产生的影响等，甚少涉及政府在其中起到的作用，本章拓展了研究环境问题和政企关系的新方向。第二，本章从多个角度分析了政企关系。在过去的研究中往往只会从某一个角度分析政企关系，比较常见的就是 CEO 是否曾在政府部门或军队任职，实际上企业与政府之间的关系错综复杂、多种多样，仅从单个角度考虑不能进行全面分析。本章从国企 / 非国企和政治关联两个角度进行分析，以期能够更全面地分析政企关系的影响。

第一节　文献回顾

企业希望通过 ISO 14001 认证来证明企业实力和可持续发展潜力，并将这一信息传递给信息需求方。Gavronski（2013）进行了实证研究，对企业的社会生态绩效进行对比分析得出企业可以通过进行管理体系认证从而改善其环境绩效，提高产品服务质量。社会各界越重视环境保护，企业就越重视 ISO 14001 认证；需求方所在地对 ISO 14001 认证要求越严格，供求方所在企业就越有动力通过 ISO 14001 认证，并希望以此来向需求方传达信号吸引投资。ISO 14001 认证产生的更大的益处作用于企业的长期发展，对企业的可持续发展水平具有促进作用。企业管理者做出的决策最终目的都是使企业达到利润最大化的目标。Hamilton 等（2006）通过研究发现了企业进行环境保护活动、宣传环境保护的理念有助于吸引消费者的目光，提升企业业绩。Arend（2014）通过实证研究发现企业越是有环境保护意识，业务回报程度越高。Salo（2008）指出虽然很多投资者仍然将投资目光放在投资风险上，但是一些非财务方面的信息使人们越来越关注环境保护方面，环境管理方面的信息已经越来越成为投资者进行判断的重要信息。Jayashree 等（2015）认为环境管理是一个由上至下的管理活动，企业高层越具有环境保护意识，对于带动提高整个企业的环境保护意识越有促进作用。Petroni（2001）在研究时从社会生态或财务方面独立评估了每个认证标准的有效性，结论是 ISO 14001 通过开发更绿色的产品和更高质量的服务来提高客户满意度。

从环境绩效的角度来说，ISO 14000 可以降低成本，提高劳动效率，改善环境绩效。Comoglio（2012）在其文献中表明了一些研究显示通过环境认证会使得企业的环境得到积极的改善。Sakr（2010）认为参与环境管理认证过程可以帮助企业加强对现有环境和社会活动及影响的认识，以及对不同利益相关者的责任感。Aragon-Correa 等（2003）通过对环境管理进行理论上的分析，发现环境管理提高了环境方面的绩效，也改善了企业的运营状况，节约了成本。Porter 等（2006）认为，政府因为越来越注重环境保护，进而制定了一系列的环境保护规章制度和法律，并且加大了监管力度和惩罚力度，对环境有污染的企业也开始进行环境管理，以减少环境风险。Singh 等（2014）认为，环境保护型企业可以提高资源利用率和劳动生产率，减少污染、节省费用。以上种种都说明了环境认证对降低成本、提高效率、改善环境绩效具有一定的作用。

ISO 14000 环境管理体系认证发展至今吸引了很多国家的企业采用该管理体系，虽然中国起步较晚，但是也很快建立了较为完善的环境管理体系。施平（2013）通过研究企业的价值驱动，阐述了环境绩效与财务绩效之间的关系。二者相互作用、相互促进，良好的环境行为推动企业可持续发展，企业发展又反过来促进企业环境管理，形成一个良性循环。孟庆堂等（2004）从"生态效率"的角度研究了环境管理体系与经济绩效之间的关系。这是一个兼顾可持续发展与公司经济效益的概念，力求通过环境管理达到"双赢"。通过研究证明了环境管理不仅能够提高环境的可持续发展水平，还能提高企业的效益。王立彦与袁颖（2004）以股票市场为例，研究了企业价值与环境认证的关系。只有企业重视环境认证，从根本上提高产品与服务质量、改进环保措施，才能让投资者可以清楚看到公司绩效与环境认证之间的正相关性。归根结底，环境管理认证是根据可持续发展理念提出的，对于二者之间的关系，李红（2011）指出经济、人口、资源是密不可分的三个问题，只有三者协调发展才能解决生态问题。环境管理作为企业降低成本、提高效绩、节约能源的工具，要求企业努力通过环境认证，此时国家乃至国际要制定相应的标准以确保认证标准与企业运作相契合。

第二节　研究假说

重污染企业是造成环境污染的主要来源之一。这些企业可能需要大量使用自然资源。在开采过程中可能会对矿山、河流、海洋等生态系统造成严重破坏。生产时产生的废气、废水一旦排放出来，可能会对动植物和居民的生活环境造成威胁。为了使企业重视环境保护并付出实际行动，ISO 14001认证应运而生。为了通过这一认证，企业需要建立完善的环境管理体系，提高资源利用率，减少污染物排放。事实上，建立这一体系需要大量投入，包括人员的聘用和培训，购置昂贵的环保设备，领导层付出大量时间等。从短期来看，可能会导致企业成本上升、利润下降，从而影响企业业绩，最终会影响企业在资本市场的表现。但是从长远来看，无论是对公司自身还是整个社会都有诸多好处。ISO 14001认证的出现体现了环境保护从事后治理转向事前管理。毫无疑问的是预防比治理投入更低。对企业来说，违规排污被发现可能需要承受声誉和金钱的双重损失，而事前管理则风险小得多。一个注重环境管理体系的企业，需要对其经营流程进行优化，提高资源利用率，从长远来看可以减少企业成本。此外，有时可能由于目前生产技术的缺陷造成环境污染，为了解决这个问题，企业只能选择加大创新投入，通过生产技术改革来减少污染。创新本身就能够促进企业长远发展。注重环境保护的企业还会被利益相关者视为是具有社会责任感的企业，投资者可能会认为这样的企业投资风险更小，长远发展更好，消费者对这样的企业更有好感，更愿意选购这类企业的产品。

Olaf Weber（2016）等对中国上市制造企业进行实证研究分析，认为通过建议认证公司比没有认证的公司更能表现出更高的可持续发展效率。通过已有的外国文献得到启发，我们可以从可持续发展环境水平的角度出发，提出通过环境管理认证可以促进可持续发展水平提高的假设。ISO 14000 的实施具体体现了环境保护从环境的治理向管理转变，这一标准认证的实施能够有效地预防与控制污染，并且还能提高资源和能源的利用效率；还能提高公民遵守与环境保护相关的法律的意识，从源头抓起，建立自制机制，有效地预防破坏环境的企业行为。当企业实施了 ISO 14000 后，会进行有关的环境控制和排放标准设定，还会披露污染治理项目实施的进展，这些举措对企业的可持续环境发展都起到了促进的作用。ISO 14000 环境管理体系是在制定了环境管理方针后，对企业周而复始地进行从策划到检查的活动。企业通过了环境管理认证，能够降低成本，节约能源，提高劳动效率，减少环保支出。而且在企业设计产品时会优先考虑新能源材料，从源头上促进了企业的可持续发展。

我国工业化进程开始较晚，对环境问题的关注也比英美等国晚，因此在环境保护上的诸多经验都借鉴国外。为了使企业重视环境保护问题，我国推广普及了 ISO 14001 认证。这一认证已经成为我国企业重视环境保护、推行环境管理体系的代名词。通过这一认证意味着企业会将环境保护的概念嵌入日常的生产制造中，会优化经营流程，做到提高资源利用率、减少能耗、提高工业用水重复利用率、减少废水废气排放等。因此，提出以下假说。

假说 1：企业通过环境管理体系认证会促进环境维度的可持续发展水平。

Qi（2013）实证发现，上市公司、富裕地区、有国外投资者等的企业更倾向于认证 ISO 14001，Wang（2016）也证实认证的数量、质量、时间、环境等都会影响环境管理体系认证对可持续发展水平的效率。在我国特殊的国情下，区县及以下级别的控股企业，政府、公众或消费者对其环境维度的可持续发展压力较小，导致其申请认证的初衷不是为了提升环境可持续水平。政府的利益相关者众多，在进行决策时需要考虑到国民生活的方方面面。环境保护是我国政府重点关注的领域之一。重污染企业作为污染的源头之一也就成了政府关注的重点。例如，近年来我国多地区遭遇雾霾天气，如果空气污染难以控制，通常会要求重污染企业停工整改，这虽然不是治理雾霾天气的长久之计，但短期内效果立竿见影。重污染企业造成的污染显然要比居民生活对环境造成的影响更严重。在对环境关注日益提高的背景下，政府对于企业环境污染的治理有增强的趋势，也就是说政府在企业污染治理中扮演着比较重要的角色，而这一影响可能又因为政企关系的亲疏有所差别，这正是本书的研究重点。本书将政企关系分为两种类型。

第一种政企关系的分类是国企与非国企。国企的实际控制人是政府本身。政府更容易对国企进行监管，要求国企严格执行各项政策做出表率。相较于非国企，国企更会严格按照规章制度办事，承担国计民生的责任，而不仅追求利润最大化。在环境保护方面也是如此，由于政府大力宣传推广，国企更可能因为政府的推广关注环境保护，完成 ISO 14001 认证并真正建立环境管理体系。对于国企还可以进一步根据区县控股进行分类。不同层次政府控股的国企监管力度也有所差别，这会造成国企对于环境保护的重视程度不同。一般而言，级别越高的政府所控股的企业规模越大，对国家来说重要程度越高。这样的企业在面临更加严格的环境监管时，也有能力和必要完成监管的要求，建立合适的环境管理体系。而区县或乡镇控股企业一般规模较小，一方面可能面临无法承担建立环境管理体系投入的问题，另一方面区县及以下级别的政府环保监管力度较弱，据此提出以下假设。

假说 2：环境管理体系认证对企业可持续发展水平的促进效应在国有企业更为明显，且市级（含市级）以上控股的企业环境管理体系认证促进可持续发展水平比区县（含区县）以下控股的企业作用更为明显。

第二种政企关系的分类是政治关联。如果 CEO 曾在军队或政府任职，能够更好地解读政策，也能通过人际关系更容易获得与政府有关的信息，敏锐感知到政策方向。通过 ISO 14001 认证的企业可以被认为是重视环境保护的企业，如果有政治关联更容易利用政策，从政府得到政府补助或是融资优惠条件。这些资本可以用于企业创新，提高企业资源利用率，减少经营成本，促进企业可持续发展，据此提出以下假说。

假说 3：环境管理体系认证对企业可持续发展水平的促进效应在有政治关联的企业更为明显。

第三节　研究设计

一、样本与数据来源

首先介绍统计的上海和深圳证券交易所 A 股上市的 2333 家企业详情，沪市 A 股企业共 1007 家，通过 525 家，占比 52.14%；深市 A 股企业共 1326 家，通过 694 家，占比 52.34%；上市时间早于或等于认证时间的企业数量 1219 家。基本情况和通过认证年份分布见表 3-1。

表 3-1　通过 ISO 14001 认证企业的年度数量统计

有效初次认证时间	所有通过 ISO 14001 认证的 A 股上市公司	
	数量	占比
2000 年及以前	12	0.98%
2001 年	12	0.98%
2002 年	21	1.72%
2003 年	42	3.45%
2004 年	46	3.77%
2005 年	63	5.17%
2006 年	67	5.51%
2007 年	83	6.81%
2008 年	107	8.78%
2009 年	84	6.89%
2010 年	89	7.30%
2011 年	92	7.55%
2012 年	102	8.37%

续表

	所有通过 ISO 14001 认证 A 股上市公司	
	数量	占比
2013 年	70	5.74%
2014 年	109	8.94%
2015 年	105	8.61%
2016 年	115	9.43%

众所周知，由于制造业企业本身的特性，其生产经营活动的一举一动都对其所在的环境产生莫大的影响，因此，制造业企业与 ISO 14001 的认证息息相关，通过表 3-2 我们就可以发现在共计 15 个行业大类中，制造业通过 ISO 14001 认证的企业数量最多，达到了 963 家。

表 3-2 通过 ISO 14001 认证企业的行业分布

行业名称	所有通过 ISO 14001 认证的 A 股上市公司	
	数量	占比
农、林、牧、渔业	10	0.82%
采掘业	27	2.21%
制造业	963	79.00%
电力、燃气及水的生产和供应业	31	2.54%
建筑业	55	4.52%
交通运输、仓储业	23	1.89%
信息技术业	20	1.64%
批发和零售贸易	1	0.08%
金融、保险业	38	3.12%
房地产业	1	0.08%

行业名称	所有通过 ISO 14001 认证的 A 股上市公司	
	数量	占比
社会服务业	11	0.90%
传播与文化产业	7	0.57%
综合类	14	1.15%
生态保护和环境治理业	10	0.82%
其他	8	0.66%

通过观察表 3-3 可以看出，监督次数大于 1 次的企业有 449 家，其中 5 家企业受到了 10 次及以上的监督，属于重点被关注对象。表 3-4 中，再认证次数在 1 次及以上的企业达到通过认证企业的 74.41%，可见，大多数企业取得证书后，愿意自发地不断改进和完善环境管理体系。通过表 3-5 可知，最主要的认证标识是 CNAS，高达通过总数的 76.21%。根据表 3-6 可以看出，浙江、广东和江苏是通过认证最多的省份，分别占通过总数的 15.26%、14.36%、13.70%。表 3-7 的认证覆盖人数统计中，各种覆盖规模都有，覆盖人数小于 200 人的企业有 255 家，大于 3000 人的企业也有 108 家。通过表 3-8 可以看出，88.43% 的企业处于认证有效状态，但也有 11.57% 的企业处于认证暂停、撤销、过期失效或注销状态。

表 3-3 通过 ISO 14001 认证企业的监督次数

监督次数	所有通过 ISO 14001 认证的 A 股上市公司	
	数量	占比
0	488	40.03%
1	282	23.13%
2	299	24.53%
3	18	1.48%
4	43	3.53%

监督次数	所有通过 ISO 14001 认证的 A 股上市公司	
	数量	占比
5	17	1.39%
6	33	2.72%
7	17	1.39%
8	12	0.98%
9	5	0.41%
10 次及以上	5	0.41%

表 3-4 通过 ISO 14001 认证企业的再认证次数

再认证次数	所有通过 ISO 14001 认证的 A 股上市公司	
	数量	占比
0	312	25.59%
1	256	21.00%
2	284	23.30%
3	221	18.13%
4	110	9.03%
5 次及以上	36	2.95%

表 3-5 通过 ISO 14001 认证企业的认证标识

认证标识	所有通过 ISO 14001 认证的 A 股上市公司	
	数量	占比
CNAS	929	76.21%
UKAS	115	9.44%
JAS-ANZ	15	1.23%

认证标识	所有通过 ISO 14001 认证的 A 股上市公司	
	数量	占比
ANAB	51	4.18%
RVA	21	1.72%
BMWFJ	2	0.16%
DAkkS	24	1.98%
SCC	4	0.33%
TAF	2	0.16%
其他	56	4.59%

表 3-6　通过 ISO 14001 认证企业的地区分布

所在地区	所有通过 ISO 14001 认证的 A 股上市公司	
	数量	占比
北京	71	5.82%
上海	65	5.33%
天津	11	0.90%
重庆	14	1.15%
安徽	51	4.18%
福建	45	3.69%
甘肃	10	0.82%
广东	175	14.36%
广西壮族自治区	6	0.49%
贵州	8	0.66%
海南	3	0.25%

续表

所在地区	所有通过 ISO 14001 认证的 A 股上市公司	
	数量	占比
河北	19	1.56%
河南	44	3.61%
黑龙江	15	1.23%
湖北	32	2.63%
湖南	29	2.38%
吉林	9	0.74%
江苏	167	13.70%
江西	17	1.39%
辽宁	24	1.97%
内蒙古自治区	7	0.57%
宁夏回族自治区	7	0.57%
青海	3	0.25%
山东	98	8.04%
山西	15	1.23%
陕西	15	1.23%
四川	41	3.36%
西藏自治区	3	0.25%
新疆维吾尔自治区	16	1.31%
云南	13	1.07%
浙江	186	15.26%

表 3-7　企业通过 ISO 14001 认证的覆盖人数

覆盖人数	所有通过 ISO 14001 认证的 A 股上市公司	
	数量	占比
200 人以下	255	20.92%
200~400 人	212	17.39%
400~600 人	189	15.50%
600~800 人	133	10.91%
800~1000 人	20	1.64%
1000~2000 人	225	18.46%
2000~3000 人	77	6.32%
3000 人以上	108	8.86%

表 3-8　目前通过 ISO 14001 认证企业的认证状态

认证状态	所有通过 ISO 14001 认证的 A 股上市公司	
	数量	占比
有效	1078	88.43%
暂停	16	1.31%
撤销	41	3.37%
过期失效	83	6.81%
注销	1	0.08%

本书以 2009—2015 年我国全部沪深上市重污染企业为样本进行研究，环境管理体系认证的数据来自认证认可业务信息统一查询平台网站，可持续发展水平来自 2009—2015 年上市公司可持续发展报告，公司财务数据和公司治理数据来自 CSMAR 数据库和 WIND 数据库。其中，环境管理体系认证数据和可持续发展水平数据均由人工收集完成。剔除数据缺失的样本，剔除 ST、*ST、暂停上市、退市的企业样本，最终用于计算分析的是 4120 个观测值。

二、模型设定和变量定义

接下来为验证本书提出的研究假说，引入公司主动披露的可持续发展信息条数对可持续发展水平进行度量，具体模型设置如下：

$$dep=\beta_0+\beta_1 ISO+\beta_2 dualposition+\beta_3 indep+\beta_4 operatingcost+\beta_5 netprofit$$
$$+\beta_6 leverage+\beta_7 roa+\beta_8 controllerstock+\beta_9 bodsize+\beta_{10} size$$
$$+\beta_{11} age+\varepsilon \tag{1}$$

其中，β_0 为与诸因素无关的常数项，$\beta_1 \sim \beta_{11}$ 为回归系数，ε 代表随机变量。被解释变量 dep 为企业环境维度的可持续发展水平。企业披露的环境维度可持续发展水平的信息来自 GRI 发布的《可持续发展报告指南》，具体包括节能减排、资源利用率上升、垃圾分类清理等方面，在度量方式上参考了陈璇（2013）对环境信息披露的衡量方式。企业的可持续发展信息属于自愿披露的信息，企业每年可以根据具体情况选择性披露。我们认为企业倾向于披露自身全部可持续发展的了解。企业披露可持续发展信息的动机主要有两点，一是更多的信息披露有助于投资者更全面了解公司，正确认识公司风险，增强对于公司发展的了解；二是披露可持续发展信息可以提高公司的公众形象，这有助于公司收入的增长和业绩的提升，因此企业已披露的可持续发展信息可以近似认为是企业在可持续发展方面的全部信息。在此种假设下，本书按年份统计了企业可持续发展信息的条数作为企业可持续发展水平的衡量标准。在进行数据处理时，对 dep 的处理有两种方式，分别是 $dep1$ 和 $dep2$。$dep1$ 是指企业每年环境维度可持续发展信息的条数，这种衡量方法参考了陈璇（2013）在《环境绩效与环境信息披露》文章中对环境信息披露衡量的方法，与环境信息披露规则类似，企业的可持续发展水平属于自愿披露，这意味着企业会尽可能多地披露对自身有利的信息，所以披露条数越多代表可持续发展水平——环境维度做出的努力更大。$dep2$ 是指条数信息加 1 后的自然对数值。其中有 21.7% 的样本在研究期间披露了环境维度可持续发展的信息。

ISO 变量即企业是否通过 ISO 14001 认证，这是一个虚拟变量。如果企业在 t 年通过 ISO 14001 认证赋值为 1，若未通过则赋值为 0。ISO 14001 是目前在我国普及型最广的环境管理认证体系，是否通过这一体系一定程度上能反映公司是否建立了完善的环境管理体系。

文献 *Does Adoption of Management Standards Deliver Efficiency Gain in Firms' Pursuit of Sustainability Performance? An Empirical Investigation of Chinese Manufacturing Firms*（2016 年）主要实证研究了管理体系认证与企业可持续发展水平的关系，本书参考这篇 SSCI/SCI 文献和其他研究成果，选取了如下控制变量，所使用的控制变量及其含义如表 3-9 所示。

此外，为了进一步研究 ISO 14001 对可持续发展水平的影响差异，在后续对数据进行的进一步分析中，多次用到了分类的思想，本书涉及的分类方式有三种，分别对应三种分类变量。第一种分类方式是用 *statehold* 来表述企业是否是国有企业，如果是国有企业，这一变量为 1，否则为 0。第二种分类方式是针对国有企业更为细致的分类。对于国有企业还可以进一步分析是由什么层级的政府作为实际控制人的，描述这一特征的变量是 *hold*1~*hold*5，分别代表是否是中央控股、省控股、市控股、区县控股以及乡镇控股；如果是，赋值为 1，否则赋值为 0。第三种分类方式是政府关联，即企业的 CEO 是否曾在军队或政府任职，如果曾经任职赋值为 1，否则为 0。

表 3-9　变量定义表

变量名称	变量定义	变量符号
环境维度的可持续发展水平 1	当年度披露的可持续发展水平条数	*dep*1
环境维度的可持续发展水平 2	当年度披露的可持续发展水平条数加 1 后的自然对数值	*dep*2
ISO 14001 环境管理体系认证	企业当年通过认证或认证在有效期取值为 1，否则为 0	*ISO*
两职合一	董事长和 CEO 为一人取 1，否则取 0	*dualposition*
独董比例	董事会里独立董事所占比例	*indep*
营业成本率	营业成本 / 营业总收入	*operatingcost*
净利润	净利润 / 营业总收入	*netprofit*
资产负债率	负债总额 / 资产总额	*leverage*
总资产净利率	净利润 / 期初和期末总资产均值	*roa*

变量名称	变量定义	变量符号
第一大股东持股比例	第一大股东持股占总股数的百分比	*controllerstock*
董事会规模	上市时企业董事会人数	*bodsize*
企业规模	公司总资产的自然对数	*size*
上市时间	研究期减去上市年份	*age*
国企与非国企	企业是国有企业赋值为 1，否则为 0	*statehold*
中央控股	企业是中央控股赋值为 1，否则为 0	*hold*1
省控股	企业是省控股赋值为 1，否则为 0	*hold*2
市控股	企业是市控股赋值为 1，否则为 0	*hold*3
区县控股	企业是区县控股赋值为 1，否则为 0	*hold*4
乡镇控股	企业是乡镇控股赋值为 1，否则为 0	*hold*5
政治关联	CEO 曾在政府或军队任职赋值为 1，否则为 0	*politicalconnection*

第四节　实证分析

一、描述性统计和相关性分析

表 3-10　描述性统计结果

	均值	标准差	25th	中位数	75th
*dep*1	2.99	19.037	0	0	0
*dep*2	0.44	0.959	0	0	0
ISO	0.4	0.49	0	0	1
dualposition	0.2	0.397	0	0	0
indep	0.3651	0.05368	0.3333	0.3333	0.3846

续表

	均值	标准差	25th	中位数	75th
operatingcost	0.743	0.17961	0.6635	0.7858	0.8677
netprofit	0.0826	0.30923	0.0196	0.0598	0.1213
leverage	0.4417	0.20166	0.2855	0.4449	0.6004
roa	0.0465	0.05805	0.0128	0.0375	0.0714
controllerstock	0.3789	0.15734	0.2566	0.3675	0.4902
bodsize	8.54	3.398	7	9	11
size	22.2102	1.31530	21.2607	21.9827	22.9502
age	9.45	5.859	4	10	14
statehold	0.49	0.5	0	0	1
hold1	0.15	0.356	0	0	0
hold2	0.18	0.386	0	0	0
hold3	0.13	0.331	0	0	0
hold4	0.02	0.154	0	0	0
hold5	0.01	0.082	0	0	0
politicalconnection	0.31	0.461	0	0	1

　　表 3-10 是对本书涉及的主要变量进行描述性统计的结果。被解释变量 dep1 的均值是 2.99，但标准差是 19.037，反映了该数据离散程度较大，说明不同公司可持续发展信息的披露情况差异较大，对于环境保护的重视程度有所差别。dep2 是 dep1 加 1 后的自然对数，均值是 0.44，标准差是 0.959，由于此种处理方法会导致数据间的差距缩小，因此 dep2 比 dep1 更加集中。解释变量 ISO 是虚拟变量，取值仅有 0 和 1，均值是 0.4，说明各公司环境维度的可持续发展水平总体较低，通过 ISO 14001 认证的企业数量少于未通过认证的企业数量，在重污染企业中还需进一步普及 ISO 14001 认证。

表 3-11 主要变量间的 Pearson 相关系数

	*dep*1	*dep*2	*ISO*	*size*	*roa*	*age*	*leverage*	*hold*
*dep*1	1							
*dep*2	0.532**	1						
ISO	0.046**	0.137**	1					
size	0.187**	0.429**	0.144**	1				
roa	0.002	0.006	0.010	0.047**	1			
age	0.066**	0.137**	−0.192**	0.148**	−0.011	1		
leverage	−0.002	−0.006	0.018	0.008	0.000	−0.002	1	
hold	−0.003	0.019	0.035*	0.003	0.002	0.040**	−0.002	1

* 表示在 0.05 水平上显著相关，** 表示在 0.01 水平上显著相关。

表 3-11 是 Pearson 相关性分析后主要的变量结果，可以看出，环境管理体系认证分别与环境维度的可持续发展水平 1（*dep*1）及环境维度的可持续发展水平 2（*dep*2）在 0.01 水平上显著相关。从相关系数上来看，环境管理体系认证与环境维度的可持续发展水平 1（*dep*1）的相关系数为 0.046，与环境维度的可持续发展水平 2（*dep*2）的相关系数为 0.137，表明环境管理体系认证与二者均有弱相关关系，且与环境维度的可持续发展水平 2（*dep*2）的相关性强于环境维度的可持续发展水平 1（*dep*1）的相关性。

表 3-12 解释变量在各模型中的最大 *VIF* 和最小 *Tolerance* 值

Variable	Tolerance	VIF
age	0.932	1.073
size	0.945	1.058
roa	0.997	1.003
leverage	1.000	1.000
ISO	0.933	1.072

参照以往文献需要检测变量间可能存在的多重共线性问题，只有排除变量

间的多重共线性，才能对模型进行有效的多元回归分析，本书统计了每个自变量的方差膨胀因子和容忍度，主要变量间的多重共线性检验结果如表 3-12 所示。检验结果表明，所有解释变量的方差膨胀因子 *VIF* 值都小于 2，容忍度 *Tolerance* 值都大于 0.1，因此接下来的多元回归模型不存在多重共线性问题，可以进一步分析。

二、模型回归结果

为了检验 ISO 14001 是否会对企业环境维度的可持续发展产生影响，本书以 2009—2015 年沪深上市的重污染企业面板数据为样本，经过 stata 软件对上文模型进行了回归分析，结果如表 3-13 所示。

表 3-13　模型回归结果

	*dep*1	*dep*2
ISO	4.009**	0.163***
	（2.08）	（3.06）
size	3.710***	0.313***
	（6.76）	（10.64）
dualposition	−2.709	−0.121***
	（−1.15）	（−3.10）
indep	−12.43	0.0525
	（−0.47）	（0.16）
operatingcost	−2.011	0.126
	（−0.20）	（0.90）
netprofit	5.578	−0.0902**
	（0.31）	（−2.11）
leverage	−3.288*	−0.463***
	（−1.92）	（−3.38）

续表

	*dep*1	*dep*2
roa	13.43	0.0214
	（0.54）	（0.06）
age	0.0241***	0.0187***
	（4.23）	（3.66）
controllerstock	8.517	0.0716
	（0.60）	（0.42）
bodsize	0.413	0.00858
	（0.14）	（1.05）
N	4120	4120
adj. R^2	0.129	0.222

t statistics in parentheses
* P < 0.10, ** P < 0.05, *** P < 0.01

　　表3-13 的回归结果表明，ISO 14001 认证与企业环境维度的可持续发展有显著的正相关关系。如果企业通过环境管理体系认证，能够有效促进企业关注环境保护并采取合适的措施促进环境可持续发展。由此假说 1 得到验证。如果企业想要通过 ISO 14001 认证需要建立完善的环境管理机制，这一机制针对的是在环境问题发生前如何进行控制。通过认证，企业能够对环境状况进行监测，减少环境问题发生的风险，促进企业采取一系列措施减少生产时对环境的影响。这意味着环境管理体系认证是有效的，能够促使企业采取实际行动，而不仅是企业用来提升社会声誉的手段。目前我国还有超过半数的重污染企业未通过这一认证，如果能进一步推广环境管理体系认证使更多企业关注到环境保护问题，将能够促进我国环保事业的发展。从企业规模来看，规模越大的企业，其通过环境管理认证可促进环境可持续发展水平的效率越高。企业规模大，知识性资产越丰富，能够投入更多人力、物力进行新能源新技术的研究开发，并且由于社会地位较高，更加注重履行自己的环境责任。从资产收益率的

角度来看，资产收益率越高，企业所投入的资产创造的利润越高，从另一方面说明了企业将资产用于环境行为的改善较少，所以资产收益率与促进环境可持续发展水平的效率成负相关关系。从上市年限来看，上市年限与环境和可持续发展水平成正相关关系。上市时间越长，企业的资金、人力都更强，有能力也愿意改善自己的环境行为，提升自己的名誉。企业的资产负债率与环境和可持续发展水平成显著的负相关关系，因为资产负债率高的企业，财务风险较高，未来资金链有可能断裂，需要资金用于周转，没有多余资金用于环境管理。控制变量的结果与预测基本一致。

表 3-14　企业性质、环境管理体系认证与企业可持续发展水平

	Panel A		Panel B	
	非国有企业	国有企业	非国有企业	国有企业
	*dep*1	*dep*1	*dep*2	*dep*2
ISO	−0.388	2.797***	0.109*	0.229***
	（−0.28）	（2.72）	（1.87）	（2.69）
size	3.794	2.657***	0.181***	0.352***
	（1.33）	（4.49）	（3.86）	（8.93）
dualposition	−1.758**	−0.612	−0.151***	−0.0297
	（−2.59）	（−1.04）	（−3.84）	（−0.36）
indep	0.446	1.397	−0.174	0.109
	（0.08）	（0.34）	（−0.47）	（0.21）
operatingcost	−2.030	−0.195	0.142	−0.0506
	（−0.45）	（−0.08）	（1.09）	（−0.18）
netprofit	0.214	−0.594	−0.0664	−0.102*
	（0.26）	（−1.55）	（−1.58）	（−1.66）
leverage	−5.916	−7.881**	−0.146	−0.787***
	（−1.13）	（−2.59）	（−1.06）	（−3.36）

续表

	Panel A		Panel B	
	非国有企业	国有企业	非国有企业	国有企业
	*dep*1	*dep*1	*dep*2	*dep*2
roa	−11.17	−8.074	0.566	−0.473
	（−0.88）	（−1.51）	（1.36）	（−0.71）
age	0.122	0.106	0.00390	0.0176*
	（1.08）	（0.88）	（0.79）	（1.72）
controllerstock	−1.869	5.495*	−0.333*	0.127
	（−0.92）	（1.80）	（−1.86）	（0.48）
bodsize	−0.500	0.0599	−0.0122	0.0179
	（−1.23）	（0.59）	（−1.20）	（1.54）
N	2092	2028	2092	2028
adj. R^2	0.018	0.142	0.083	0.251

t statistics in parentheses
* P < 0.10, ** P < 0.05, *** P < 0.01

　　接着，本书将二者的关系放在某些情境中进行讨论，以尽可能地挖掘出企业认证实施效果对可持续发展水平作用中的调节效用。面对激烈的竞争环境，企业对认证的动机和结果不同，国有企业和政治关联较强的企业隐性收益更多，但其需要满足更多社会功能，且面临更直接的监督和环境管理对接，对认证的执行程度和水平更强；同样，从国有企业的直接控股层级来看，市级及以上企业面临更严苛的环境监督水平，为避免遭受更多环境损失，有较大动力有效实施环境管理体系认证，进而提升企业可持续发展水平。所以本书接下来从国有和非国有企业、国有企业的直接控股层级、企业是否具有政治关联三个层面进一步对环境管理体系认证和可持续发展水平的关系进行分组检验，以验证假说2和假说3。本书将政企关系进行了分类，第一个维度是企业是否是国有企业。从表3-14分组回归的结果可以看出，环境管理体系认证对环境可持续发展的影响在国有企业更加明显。我们认为相较于非国有企业，国有企业与政府的关系更加密切，需要承担国计民生的职责，而不仅是盈利。在政策执行时，政府会要求国有企业严格按照规定执行，起到带头作用。在环境政策执行上，国有企业会更愿意在环境管理体系建设上进行投入，以符合政策法规的要求。此外，政府对于国有企业的监管力度更大，一旦发现国有企业有环境治理问题，国有企业将付出沉重的代价。

表 3-15　国有企业控股情况、环境管理体系认证与企业可持续发展水平

	Panel A		Panel B	
	区县及以下级别控股	中央、省级和市级控股	区县及以下级别控股	中央、省级和市级控股
	*dep*1	*dep*1	*dep*2	*dep*2
ISO	−0.445	2.978***	−0.0985	0.242***
	（−0.40）	（2.73）	（−0.44）	（2.70）
size	2.050***	2.685***	0.447***	0.349***
	（3.73）	（4.33）	（4.58）	（8.49）
dualposition	1.426	−0.952	0.194	−0.0887
	（1.23）	（−1.65）	（0.78）	（−1.04）
indep	2.800	1.375	1.174	0.0961
	（0.31）	（0.32）	（0.61）	（0.18）
operatingcost	−9.035	0.178	−1.078	0.00132
	（−1.15）	（0.07）	（−0.84）	（0.00）
netprofit	−5.797	−0.568	−0.442	−0.100
	（−0.40）	（−1.51）	（−0.19）	（−1.64）
leverage	−7.868**	−7.601**	−1.418**	−0.718***
	（−2.11）	（−2.41）	（−2.17）	（−2.96）
roa	−8.312	−6.794	−3.851	−0.253
	（−0.71）	（−1.26）	（−1.48）	（−0.38）

	Panel A		Panel B	
	区县及以下级别控股	中央、省级和市级控股	区县及以下级别控股	中央、省级和市级控股
	*dep*1	*dep*1	*dep*2	*dep*2
age	0.172	0.0878	0.0303	0.0144
	（1.01）	（0.68）	（0.97）	（1.33）
controllerstock	5.316	5.296*	0.986	0.108
	（0.87）	（1.68）	（0.82）	（0.39）
bodsize	0.104	0.0464	0.0453	0.0133
	（0.59）	（0.43）	（1.29）	（1.10）
N	129	1899	129	1899
adj. R^2	0.217	0.142	0.275	0.251

t statistics in parentheses
* P < 0.10, ** P < 0.05, *** P < 0.01

国有企业还可以进一步按照实际控制人的级别划分为中央控股、省控股、市控股、区县控股和乡镇控股。一般来说，实际控制人的级别越高，所对应的国有企业重要程度越高，企业规模越大。对于小规模的国有企业来说，对环境的污染程度较小，建立环境管理体系花费较大，可能不符合成本效益原则，造成企业负担过重。大规模的国企对环境造成较大的威胁，对于建立环境管理体系有更迫切的需求，同时也有能力建立复杂的环境管理体系，可以在可持续发展问题上持续投入。同样，大型国企是政府环境保护问题监管的重点企业，更高的监管力度也对企业环境管理体系的建立提出了更高的要求。再者，区县及乡镇对环保执行程度较低，这些区域的企业面临的环境保护压力较弱。表 3-15 以区县控股作为分界，对于国有企业来说，ISO 14001 与环境维度的可持续发展有更显著的相关关系。以 *dep*1 作为被解释变量时，区县及以下级别控股的研究对象中，ISO 14001 与企业可持续发展水平不相关，市级及以上级别控股的研究对象中，ISO 14001 与企业可持续发展水平在 5% 的水平正相关；同样，以 dep2 作为被解释变量时，区县及以下级别控股的研究对象中，ISO 14001 与企业可持续发展水平不相关。市级及以上级别控股的研究对象中，ISO 14001 与企业可持续发展水平在 5% 的水平正相关。说明市级及以上控股的企业环境管理体系认证促进企业可持续发展水平的效率高于区县及以下控股的企业，这可能是因为市级及以上的企业更重视名誉，资金实力更加丰厚，政府的政策、法规更为严格，公众给予的环境压力也更大，故而企业在环境管理和可持续发展水平上会投入更多精力。所以，市级及以上控股的国有企业环境管理体系认证与可持续发展有显著的相关关系，但区县控股及以下级别控股的企业与这两个变量无关。对于国企来说，实际控制人的级别与企业环境治理水平有关，由此假说 2 得证。

表 3-16　政治关联、环境管理体系认证与企业可持续发展水平

	Panel A		Panel B	
	无政治关联	有政治关联	无政治关联	有政治关联
	*dep*1	*dep*1	*dep*2	*dep*2
ISO	−0.248	3.050***	0.0989	0.296***
	（−0.17）	（2.99）	（1.55）	（3.23）
size	3.711***	1.656***	0.335***	0.266***
	（2.89）	（4.98）	（9.14）	（6.57）
dualposition	−1.792**	−0.650	−0.158***	−0.00778
	（−2.18）	（−1.14）	（−3.48）	（−0.11）
indep	4.417	−14.33**	0.251	−1.015*
	（1.03）	（−2.31）	（0.66）	（−1.72）
operatingcost	−3.214	2.390	0.0862	0.260
	（−0.65）	（1.19）	（0.54）	（1.05）
netprofit	−0.272	−1.282**	−0.0617	−0.201**
	（−0.52）	（−2.20）	（−1.59）	（−2.44）

续表

	Panel A		Panel B	
	无政治关联	有政治关联	无政治关联	有政治关联
	*dep*1	*dep*1	*dep*2	*dep*2
leverage	−8.417**	−2.923	−0.637***	−0.0446
	（−2.40）	（−1.37）	（−3.96）	（−0.20）
roa	−8.479	−4.362	−0.271	1.046*
	（−1.24）	（−0.84）	（−0.62）	（1.82）
age	0.0998	0.161**	0.0179***	0.0231**
	（1.23）	（2.03）	（2.96）	（2.59）
controllerstock	3.194	−3.386	0.225	−0.216
	（1.04）	（−1.42）	（1.13）	（−0.71）
bodsize	−0.288	0.0288	0.00308	0.0187
	（−1.11）	（0.24）	（0.32）	（1.35）
N	2870	1250	2870	1250
adj. R^2	0.044	0.073	0.225	0.240

t statistics in parentheses
* P < 0.10, ** P < 0.05, *** P < 0.01

　　本节对于政企关系另一个分析的角度是政治关联。如表 3-16 所示，在有政治关联的企业中是否通过 ISO 14001 认证与环境维度的可持续发展有显著的相关关系，可以验证假说 3 成立。如果 CEO 曾在军队或政府任职，企业可以与政府建立更加紧密的联系，这对于企业环境治理有明显的促进作用。这一作用可能通过多种途径实现。CEO 如果曾在政府部门任职，能够对政府政策做出更深入的解读，而预期以后政策的走向。CEO 可能通过政府制定的政策意识到环境问题是政府关注的要点，为了维系良好关系获取更多竞争资源，CEO 会在制定公司政策时强调环境保护的重要性。此外，有过政府工作经历的 CEO 虽然不再在政府任职，但 CEO 的社交网络中可能有大量政府官员，可以及时获取政府有关信息，这些信息里就可能包括政府关于环境保护的态度、监管等。为了满足合规性的要求、减少合规成本，企业会更加关注环境治理。

三、稳健性检验

为了进一步验证本节的研究是否成立，在上述研究的基础上进行了稳健性检验。本节采用了 ISO_{n-1} 作为自变量进行回归分析。ISO_{n-1} 即企业前一年度是否通过 ISO 14001 环境管理体系认证。若通过取 1，否则取 0。其中部分企业是在 2009 年之后上市的，上市当年数据在样本范围内，但缺乏上市前一年的认证数据，因此稳健性检验的样本少于上述回归分析。回归结果如表 3-17 所示，环境维度的可持续发展受到前一年度是否通过认证的显著影响，并且稳健性检验也与上文回归结果相同。环境维度的可持续发展强调的是企业如何应对环境危机，是面向未来的。回归结果进一步说明，环境管理体系认证可以对企业环境治理产生较长时间的影响，并且政企关系在其中扮演着重要的角色。

表 3-17　稳健性检验结果

	*dep*1	*dep*2
ISO_{n-1}	4.12**	0.177***
	（2.35）	（3.09）
size	2.529***	0.318***
	（4.73）	（10.57）
dualposition	−2.950	−0.137***
	（−1.34）	（−3.29）
indep	−12.158	0.0594
	（−0.99）	（0.17）
operatingcost	−2.729	0.136
	（−0.41）	（0.93）
netprofit	1.520	−0.0925**
	（0.28）	（−2.13）

	$dep1$	$dep2$
leverage	−3.277*	−0.460***
	（−1.96）	（−3.25）
roa	9.117	0.0761
	（0.60）	（0.21）
age	0.0754***	0.0172***
	（3.78）	（3.21）
controllerstock	7.116	0.0659
	（0.57）	（0.38）
bodsize	0.488	0.00806
	（0.09）	（0.97）
N	3951	3951
adj. R^2	0.114	0.220

t statistics in parentheses
* P < 0.10, ** P < 0.05, *** P < 0.01

第五节　本章结论

　　本章以沪深两市污染型企业 A 股上市公司为样本，分析企业环境管理体系认证是否能够提升可持续发展水平。最终得出结论，环境管理体系认证对企业环境维度的可持续发展水平有显著促进作用。进一步研究还发现，国有企业和有政治关联的企业，环境管理体系认证对企业可持续发展水平的促进效应更为显著；接着将国有企业根据实际控制人级别进一步分类后发现，环境管理体系认证对企业可持续发展水平的促进作用在市级及以上控股的企业比区县及以下控股的企业更为明显。环境管理体系认证对于企业可持续发展有促进作用。

通过认证的企业，以此为契机可以建立完善的企业环境管理系统。这一系统可以帮助企业优化经营流程，提高资源利用率，从而促进企业可持续发展。在此基础上，本章重点研究科政企关系对于企业环境治理的影响。通过对中国沪深股市上市的重污染企业进行实证研究来得到结论。本章将政企关系分为两个维度，一个是国企与非国企，一个是政治关联。国有企业与政府联系紧密，需要更多考虑除股东外其他利益相关者的利益，政府监管也会更严格。因此在国有企业中 ISO 14001 认证和可持续发展体现出了更强的相关性。如果将国有企业按照实际控制人进行分类，市级及以上政府控股的国企一般规模较大，资金雄厚，能够建立更为完善的环境治理环境。因此在这样的企业里 ISO 14001 认证与可持续发展有显著的相关性。此外，CEO 曾在政府或军队工作，能够及时获取政府信息、更深刻解读政府政策，制定出更加合规的企业战略。对于环境保护问题来说，这样的企业可以从政府政策中明确认识到环境保护问题的重要性，并将之融入企业战略制定中。本章所分析的两个政企关系的维度都对于企业环境治理有显著的影响。

环境管理体系认证能够促进企业可持续发展水平，可能是因为管理标准认证及其后续实施可为企业提供学习和能力建设的机会，通过这些程序，认证公司可以发展更大的能力来提高劳动效率，以此减少成本，更加有动力改善自己的环境行为。环境管理是一种综合性的管理体系，在通过环境管理认证的同时，不仅环境管理水平提高了，整个管理模式都有所改善，可持续发展水平得到提高。通过认证的公司在环境管理上具有更多的认证经验和管理经验，在环境管理上更有效率，能够有效地促进环境可持续发展水平。因此，虽然公司管理体系的认证难度大、成本高昂，但参与这一过程的公司比其他公司更有优势，管理体系认证仍然是企业追求可持续性发展的有效选择。由于市级及以上控股企业社会地位更高，更愿意通过环境管理体系认证展现良好的环境行为，提高企业的声誉，而且国家和政府对市级及以上控股企业的关注度更高，制定了一系列更为严苛的法律规章，并且给予了更大的支持力度。这些原因都使得市级及以上控股企业通过环境管理认证后促进可持续发展水平的效率高于县级及以下控股企业。另外，本章只说明了政企关系可以对企业环境治理产生影响，但是对通过何种机制影响的研究尚不够深入。环境管理体系认证对可持续发展水平提升的表达机制是非常复杂的，本章对该研究的作用机制和检验较为薄弱，未来的研究中，将探讨在环境层面上政府通过何种方式影响了企业环境治理，以及从企业内外部因素方面深化影响机制的分析。

第四章 环境管理体系认证与财务后果

第一节 ISO 14001 与排污费用

2016 年度中国检验检测认证服务业业务总收入冲破 2000 亿元人民币，吸纳就业 128.27 万人，是全球增长最快的检验检测认证市场，其中环境监测比重持续上升，截至 2016 年年底，环境管理体系认证共颁发 93696 份，占总管理类认证数的 8.539%。环境管理体系认证的核心目标是企业借由 ISO 14001 标准提高环境绩效，以更合理地使用资源、提高资源使用效率，回收利用废弃物、减少污染物排放，促进企业降低环境成本和外部不经济性。那么在环境标准认证市场节节攀升的背景下，ISO 14000 系列是否在通过认证的企业真实落地？解决该疑问，不仅对我国检验检测认证服务行业的行为规范有重要意义，更是在国内外资源环境矛盾不断尖锐、环境立法和执法愈加严格的背景下，企业寻求可持续发展的有效路径之一。

ISO 14001 表达了企业的环保承诺，带来较高的商誉和公众信任度。Martín-pena 等（2014）将 ISO 认证视为无形资产，可以提升品牌价值，如 ISO 14001 是我国政府评估"环境友好型"企业的重要参考指标；Hamilton 等（2006）已经证实增加顾客访问量依赖于环保活动和环保宣传，该项活动对于提升销售业绩具有极大的贡献；Arend（2014）发现注重绿色政策的企业，销售额、销售回报率等相关指标更高；耿建新（2006）发现 ISO 14001 类似于发达国家给发展中国家设置的非关税贸易壁垒，通过认证可以帮助企业取得跨国经营的绿色通行证，拓展营业市场。很显然，无论社会公众还是科研学界都有一个潜在认知，即通过 ISO 14000 系列认证的组织在减量化和清洁化方面更有成效，有更优秀的环境表现，继而提升了企业价值。然而 Prajogo 等（2012）发现 ISO 持续认证和审查需要成本，导致企业在无法看到经济效益或效率提升时，没有动力全力实施这些标准；Weber（2007）认为企业往往更看重获得认证，而不是认证的实施，故系统的设计不能完全适应企业的动态能力建设和绩效改善。也就是说环境管理体系认证如果仅是大部分企业为寻求组织合法性和寻租空间而创造的"两张皮"，那么过去国内外 ISO 14000 与企业经济绩效关系研究、ISO 14000 为环境绩效赋正值的许多成果便如无根之木。本书以沪深两市通过环境质量体系认证的 A 股上市公司为样本，分析 ISO 14000 系列认证前后企业的环境绩效表现，提供 ISO 14000 认证对企业价值影响机制的新证据，有助于填补环境管理体系认证暨环境绩效价值相关性的研究缺憾，为环境管理的研究和实践做出补充。

一、文献回顾

企业作为一个开放性系统，其存在的首要目标就是将从外部获取的资源转化为产品和服务以维持自身的生存和发展。众所周知，根据财务管理的观点，企业的主要目标是要实现利益最大化的，不言而喻，这个过程中追求利益最大化是企业的终极目标，企业无论如何浪费资源、污染环境、破坏生态，从单纯的经济学角度看都是合理的，都是可以被看作符合经济学原理——追求企业利益最大化，但是合理不代表合法，企业在经营的过程中不仅要合理还要守法。企业赖以生存的外部环境归属于多个主体，企业就像是船，而外部环境就像是"海洋"，在这个海洋中，每个成员都有自己的定位，彼此对对方的活动期望构成了合法性压力，各方向的压力不断博弈形成广泛认同的价值观，所有角色只有分享这种同质价值观、遵守普适的行为规范才能维持系统相对平衡，组织在寻求存在合法性时，不得不按照各主要利益相关者可接受的水平进行运营，以超过制度要求的最低阈值，即便这种组织管理和运营手段对企业的经营绩效不是最有效率的。通过 ISO 14001 认证的企业大都会通过各种途径进行宣传，以提供组织合法性证明。如 De（2013）发现 ISO 认证企业在提供年度标准报告过程中，提高了信息透明度，改善了和利益相关者的关系；Salo（2008）认为在机构投资者越来越关注投资风险和投资机会的背景下，非财务性环境信息会使投资者将眼光更加关注到环境领域，成为投资者判断资本市场风险和预测盈利可能性的载体之一；Prakash 和 Potoski（2006）认为出口主导型企业更看重自身的环保价值和社会标准，将通过国际标准认证作为可见信号以吸引潜在国外客户；Wiengartin 等（2013）对比北美和西欧的企业发现，ISO 14000更多是基于降低上下游企业环境风险的考虑，而非法律规制的影响；Sharma（2000）发现一部分管理者认为环境可以强化企业竞争力并为此投入精力，另一部分管理者认为环境管理会增加运营成本，他们只会在企业找到存在合法性的最低水平上关注环境问题。这也是 ISO 14001 可能出现"两张皮"现象的制度基础。

从信息不对称理论角度讲，政府希望企业在发展经济时重视环境课题，可是企业可以选择性地让外界晓得本身的情况状态，结果是呈现"柠檬市场"，因为两边信息不对称，高消耗、高污染、低效率的企业其实不容易被发觉，这些企业或瞒报情况信息，或"粉饰"财务报告，他们其实不会将流入的本钱投入环境管理，而环保程度较高的企业因缺少资金不能不限定环境投入，乃至效仿高污染企业欺瞒环境信息，环保程度很差的企业则连续"坑蒙拐骗"获得市场本钱，社会福利遭到不可逆的破坏。如果 ISO 14000 环境管理体系认证是有效的，那么它可以有效降低信息不对称，提高企业环境绩效，有效指导利益相关者。Josefina（2008）以 240 家污染企业为研究基础，提出四种情况相应模式代表分歧的情况方针和内部资源配置，研究了股东对环境压力的反映模式；Miles（1997）发现国际购买方要求发展中国家的供应方提供 ISO 14000 证明，规避可能出现的诉讼和环境风险；Potoski 和 Prakash（2013）、Johnstone 和 Labonne（2009）从国外消费者特别是工业买家视角研究发现，他们将国际标准管理认证体系视为降低信息不对称性的工具；Hasan 和 Chan（2014）发现 ISO 14000 由于其在认证、维护、监控、培训、审核等方面花费过多员工精力和企业成本，导致整体成本增加，工作效率较低；Boiral（2011）指出，ISO 认证更多关注过程而非企业实际绩效，增加了组织复杂性、认证成本和运营成本，过度文件化管理导致企业僵化的官僚管理，或使企业流于象征性而缺乏实质价值，所以无法提高其可持续发展能力。这是 ISO 14001 可能出现"两张皮"现象的现实基础。可延续发展理论首要是收益的可延续，也便是消费水平在没有逐步削减资产存量的条件下能被无限期地连接，这里其实不意味着连接天然资产的存量稳定，而是它们在将来保持收益的本领不降低。Aragon-Correa 等（2003）从理论上探讨了如何通过改善企业内部的生产和运营过程提高环境绩效，进而增加企业竞争力；Pascual 等（2010）表示家族企业的情况绩效程度高于非家族企业，一方面是因为家族企业的公司管理布局较合理，另一方面由于家族企业都会长效谋划，不会过度追求短时间经济利益，这种长远的目光有利于企业社会责任的实行执行；Jayashree 等（2015）发现马来西亚的制造型企业将 ISO 14000 看作一项成本，其收益是带来了更大的环境性能和可持续性；Adam 和 Radomit（2013）也发现 ISO 14000 对企业的可持续发展有积极稳定的影响。

二、样本与数据来源

本节有效样本共计 253 家，筛选标准如下：（1）剔除上海和深圳证券交易所未通过 ISO 14000 系列认证的 A 股上市公司；（2）剔除 2016 年及以后通过认证的企业；（3）剔除上市时间早于（含等于）认证通过时间的企业；（4）剔除没有公布环境绩效数据的公司；（5）剔除财务状况异常的 ST、PT 公司；（6）剔除其他数据不满连续 3 年的公司和数据不全的公司。所需的公司财务数据来自 CSMAR 数据库，环境绩效相关数据收集自公司年报和社会责任报告；ISO 14000 认证数据收集自中国合格评定国家认可委员会网站。

ISO 14001 时间节点数据分为三类：一种是自通过认证后，每三年准时续证、从未间断，这种企业以最早通过认证的时间为准；第二种情况是三年期满后未及时续证，认证状态异常（包括暂停、撤销、过期失效、注销）一段时间后又重新申请到 ISO 14001 证书，这类企业以最新申请到的证书时间为准；第三种是虽 2016 年年底的认证状态异常，但其最新申请到认证的开始日期有效且数据完备，则计入样本。

环境绩效体现的是企业环境行为的效果（陈璇等，2010），是组织复杂的环境管理带来的最终结果，环境资源由于其特殊属性，很多价值都是无形的，很少能用市场交易价格计量，当前的会计系统中被记录的环境资源和环境耗费极少。环境绩效的衡量尚无统一标准，目前主要方式包括四种：（1）根据第三方奖励和惩处评分（Henri，2008），实施 ISO 14000 往往作为其中的正向评分维度（武剑锋，2015）；（2）根据《有毒物质排放清单》得出 TRI 指数（Freedman 等，1990）；（3）环保资本性投资或支出（Toshiyuki&Mika，2009）；（4）废弃物循环利用率（Al-Tuwaijri 等，2014）。

基于数据的可获得性，本节借鉴（3）和（4）来权衡情况绩效更加现实，即采取"单元业务收入环保投资额"和"单元业务收入排污费"分别作为权衡情况绩效的两种代办署理变量，单元业务收入环保投资额越高、单元业务收入排污费越低，代表企业环境管理和洁净出产程度越高，情况绩效程度越好。其中"排污费"在年报中主要以"管理费用"或"支付的与经营活动有关的现金"明细下的排污费、环保费、抑尘费、资源补偿费等形式出现；环保投资额通过阅读年报和社会责任报告收集。

三、研究设计与实证分析

（一）通过 ISO 14000 系列认证与环保投资额和排污费

ISO 14000 标准要求企业保持并持续改进环境管理体系，一方面最大限度地发挥其让组织自身所产生的污染物的排放尽可能地减量化、无害化、资源化等环境绩效的作用；另一方面发挥其让组织所生产的产品和提供的服务在从"摇篮到坟墓"生命周期中的节能化、清洁化、循环化等环境绩效的作用。国外许多学者曾进行过相关研究并取得很多成果，Porter 等（2006）指出，随着环境相关法律、法规的完善和执行力度的加强，污染型企业不得不通过专门的环境运营体系来提高环境绩效，以规避潜在危机；Ullmann 等（1985）认为公司环境战略对环境行为有重要影响，实施积极环境行为的企业会有更好的环境表现；Rao 和 Hamner（2016）使用结构方程模型发现，通过认证的企业显著减少了污染物排放量，资源利用率有所提高。Wiengartin 等（2013）对比北美和西欧的企业发现，ISO 14000 能够降低上下游企业环境风险；Hasan 和 Chan（2014）发现 ISO 14000 能够减少浪费、提升环境效果和产品质量；Jayashree 等（2015）通过研究发现，马来西亚的制造型企业将 ISO 14000 看作一项成本，其收益是带来了更大的环境性能和可持续性；Adam 和 Radomit（2013）发现为 ISO 投资较多的公司可以有更高的质量预防体系，故障成本低；Testa 等

（2014）通过对比意大利 229 家能源密集型企业对国际 ISO 14001 标准和欧洲 EMAS 体系的不同反应，发现企业短期和长期二氧化碳排放量均有显著降低，但两种标准的效果有差异。Picazo 等（2014）认为环保技术提升以后，企业的生态效率提高了，进而改善了环境绩效。Singh 等（2014）发现，可持续的绿色生态网络不但能够提高企业声誉，还可以提高资源利用率和劳动生产率、减少污染、节省费用。

假说 1：企业在通过 ISO 14001 标准之后，其单位营业收入环保投资额与通过标准之前相比，没有明显的增加。

假说 2：企业在通过 ISO 14001 标准之后，其单位营业收入排污费与通过标准之前相比，没有明显的减少。

这里以单位营业收入环保投资额和单位营业收入排污费代表企业的环境绩效，根据企业通过 ISO 14000 系列认证前一年（T_0-1）、当年（T_0）、后一年（T_0+1）的配对样本 t 检验来验证，单位营业收入环保投资额维度包括 186 个通过认证的样本，单位营业收入排污费维度包括 161 个通过认证的样本。

经通过认证后一年、通过认证当年和通过认证前一年数据两两对比发现，通过 ISO 14001 认证的上市公司，其单位营业收入环保投资额均值没有明显规律，通过当年大于前一年、通过后一年小于通过当年、通过后一年大于通过前一年，P 值均远大于 0.1，未通过显著性检验，即企业在通过 ISO 14001 标准之后，环保投资额维度的环境绩效与通过标准之前相比没有显著增加。

根据表 4-1 的成对样本检验表可以看出，其中的均值几乎均为负值，样本中单位营业收入排污费的均值在认证通过后一年小于认证通过当年，认证通过当年又小于认证通过前一年，故排污费是逐年递减的，认证后一年与认证当年数据在 $P<0.05$ 的水平上显著，认证当年与认证前一年、认证后一年与认证前一年在 $P<0.01$ 水平上显著，由此可以拒绝假说 2，即企业在通过 ISO 14001 标准之后，排污费维度的环境绩效与通过标准之前相比有显著减少。

表 4-1 成对样本检验表（1）

			均值	标准差	标准误差	95% 置信区间下限	95% 置信区间上限	t	df	P（双尾）
单位营业收入环保投资额	第一对照组	$(T_0+1)-T_0$	-8.0861E-03	1.3217E-01	9.6914E-03	-2.7206E-02	1.1033E-02	-0.834	185	0.405
	第二对照组	$T_0-(T_0-1)$	9.5393E+03	1.4167E-01	1.0388E-02	-1.0955E-02	3.0033E-02	0.918	185	0.360
	第三对照组	$(T_0+1)-(T_0-1)$	1.4531E-03	2.8041E-02	2.0561E-03	-2.6033E-03	5.5095E-03	0.707	185	0.481
单位营业收入排污费	第四对照组	$(T_0+1)-T_0$	-4.0083E-04	2.4346E-03	1.9187E-04	-7.7977E-04	-2.1893E-05	-2.089	160	0.038
	第五对照组	$T_0-(T_0-1)$	-2.5643E-04	1.1638E-03	9.1924E-05	-4.3758E-04	-7.5292E-05	-2.796	160	0.006
	第六对照组	$(T_0+1)-(T_0-1)$	-6.5727E-04	2.6741E-03	2.1075E-04	-1.7034E-03	-2.4105E-04	-3.119	160	0.002

（二）认证与排污费维度

环保投资额维度的环境绩效对标准认证没有明显反馈，研究终止；排污费维度的环境绩效在通过认证之后有统计学上的显著降低，但这种降低是由于环境法律法规日趋严格导致所有企业的普遍性降低，还是由于 ISO 14000 系列标准认证带来的直接"福利"，为解决这个疑问，我们提出假说 3：

假说 3：企业虽通过 ISO 14001 标准后，单位营业收入排污费有显著降低，但该下降趋势与 ISO 14001 并无显著关系。

先为现有通过 ISO 14000 系列认证且收集到排污费的企业 161 家企业进行一对一配对，具体配对方法如下：（1）一般 ISO 14000 系列认证需要经过两年左右的准备期，故将样本中的企业倒推五年，观察其通过 ISO 14000 系列认证前五年（T_0-5）、前四年（T_0-4）、前三年（T_0-3）排污费是否有同样下降趋势，该 161 家已有样本中，有 69 家企业能收集到完整的通过认证前 5 年的数据；（2）按照证监会上市公司行业分类标准为剩余 92 家已有样本寻找一对一配对企业，配对企业与样本企业属于同一子行业但没有通过 ISO 14000 标准认证，为减少行业大类下子类间的差距，两类企业应严格属于同一子行业。至此，得到通过认证的样本 161 家，配对样本 161 家。接下来分两阶段为该假设进行验证：

第一阶段：首先将未通过 ISO 14000 系列认证的企业按照第一年、第二年、第三年的配对样本 t 检验来验证，样本包括 69 家 5 年前通过认证的企业和 92 家未通过认证的一对一同子行业企业，共计 161 个样本（见表 4-2）。

表 4-2 成对样本检验表（2）

			均值	标准差	标准误差	95% 置信区间下限	95% 置信区间上限	t	df	P（双尾）
单位营业收入排污费	第七对照组	（T+1）-T	-2.5706E-03	4.5588E-02	3.5928E-03	-9.6662E-03	4.5249E-03	-0.715	160	0.475
	第八对照组	T-（T-1）	-8.4796E-03	9.4588E-02	7.4545E-03	-2.3201E-02	6.2424E-03	-1.138	160	0.257
	第九对照组	（T+1）-（T-1）	-1.1050E-02	9.4706E-02	7.4639E-03	-2.5790E-02	3.6902E-03	-1.480	160	0.141

通过三年数据的两两对比发现，虽然三组均值均为负数，显示 161 个对配对样本排污费均值逐年递减，但成对样本检验表的 P 值分别为 0.457、0.257、0.141，均大于 0.1，未通过显著性检验，即企业在通过 ISO 14001 标准之后，单位营业收入排污费在配对样本检验中没有出现自然递减的规律，从侧面证明排污费维度的环境绩效在无认证样本中未出现统计学上的显著降低。

第二阶段：接着构建回归模型（1）来检验假设假说 3，为避免数据的异方差现象，将单位营业收入排污费 PC 做了对数处理；另由于 PC 的值都较小，对数处理后都是负值，不利于数据的观察，故将单位营业收入排污费的分母单位变为万元，分子仍为元。

$$\ln(PC_{T+1}) = \alpha_1 \ln(PC_{T-1}) + \alpha_2 YEAR_T \qquad （1）$$

其中 PC 代表单位营业收入排污费，$YEAR_T$ 是哑变量，企业在 T 年度通过 ISO 14001 认证时，$YEAR_T$ 取值为 1，否则取值为 0。与假说 1 和假说 2 的检验不同，假说 3 用于回归分析的样本是 161 家通过认证的企业和 161 家配对企业，共计 322 个样本。

表 4-3 回归系数表和方差分析表主要数据（1）

模型（1）		回归系数					方差分析			
	变量	α_2	标准误差	*Beta*	*T*	*P*	adj. R^2	df	*F*	*P*
	$YEAR_T$	−1.586	0.283	−0.240	−5.609	0.000				
	$\ln(PC_{T\text{-}1})$	−0.907	0.068	−0.574	−13.431	0.000	0.540	319	125.271	0.000
	常数	0.577	0.677		0.852	0.395				

由表 4-3 的方差分析结果可以看出，调整后的 R^2 为 0.540，P 对应的值小于 0.001，模型 1 有统计学意义，通过 F 检验。由回归系数分析结果可以看出，$YEAR_T$ 前的系数 α_2 小于 0，对应的 P 值小于 0.001，在 0.001 的水平上显著不为 0，由此可以拒绝假说 3，即企业通过 ISO 14001 标准后，能带来排污费维度的环境绩效提升，二者有显著负相关关系。

（三）所属行业与排污费维度

在不包括环境技术改造和环保设备成本的情况下，ISO 14001 认证费用在几万元到几十万元不等，后续的维护、监控、培训、再监督、再审核等也要耗费很多企业成本，企业归根结底是经济单元，逐利是它的本能，既然程序繁杂、收费不菲，且并非强制性认证，为何越来越多的企业还乐此不疲地努力申请呢？王立彦等（2006）也发现环境敏感型行业企业价值对 ISO 14000 系列认证的反馈更为显著。环境绩效的提高代表了资源、能源、废弃物的利用率，再者，智能技术和清洁生产大大降低了能源消耗、污染物排放，对降低生产成本有重要贡献，这是否意味着环境敏感行业型企业通过 ISO 14000 认证能获得更多的环境成本好处？换句话说，敏感型行业公司通过认证在短期内是否对其环境绩效的影响要大于非敏感型行业公司？为解决这个疑问，我们提出假说 4：

假说 4：企业是否属于环境敏感型行业，与其通过 ISO 14001 认证前后的单位营业收入排污费减少无关。

通过回归模型（2）来检验该假设：

$$\ln(PC_{T+1}) = \alpha_1 \ln(PC_{T\text{-}1}) + \alpha_2 PL \qquad （2）$$

其中 PL 是哑变量，样本公司属于环境敏感型行业时取值为 1，否则取值为 0。

该回归分析的样本是 161 家通过认证的企业。根据国家环境保护总局《上市公司环境信息披露指南》（环办函〔2010〕78 号）和《上市公司环保核查行业分类管理名录》（环办函〔2008〕373 号）认定的 16 个重污染行业，将 161 家通过认证的企业根据子行业选出化学原料及化学制品制造、电力热力生产供应、金属冶炼及压延加工、非金属矿物品业、煤炭开采和洗选、纺织业、医药制造、橡胶和塑料制品业、食品制造、化学纤维制造、造纸业、燃气生产、皮革制品和制鞋业、石油加工炼焦和核燃料加工业、酒饮料制造业行业作为敏感型行业，共计 93 个样本，非敏感型行业 68 个样本。

由表 4-4 的方差分析结果可以看出，调整后的 R^2 为 0.591，P 对应的值小于 0.001，模型 2 有统计学意义，通过 F 检验。由回归系数分析结果可以看出，PL 前的系数 a_2 小于 0，对应的 P 值小于 0.05，在 0.05 的水平上显著不为 0，由此可以拒绝假说 4，即污染型行业企业对通过 ISO 14001 标准后的带来的环境绩效增加更加显著，二者有正向促进作用。

表 4-4　回归系数表和方差分析表主要数据（2）

	变量	回归系数					方差分析			
		a_2	标准误差	*Beta*	*T*	*P*	adj. R^2	*df*	*F*	*P*
模型（2）	PL	−1.034	0.469	−1.140	−2.207	0.029	0.591	158	50.732	0.000
	$\ln(PC_{T-1})$	−1.283	0.127	−0.639	−10.072	0.000				
	常数	3.794	1.120		3.387	0.001				

（四）认证标识与排污费

截至 2017 年年底，全国各类检验检测机构共计 3 万余家，已处于国际认证认可发展的第二阵营，正加快迈入认证认可强国行列，机构属性包括企业（61.93%）、事业单位（36.11%）和其他（1.96%）。ISO 14001 证书的有效期仅为三年，且三年内每一年最少要举行一次相关审核，若是企业的环境管理体系题目比较严重，认证中间会增添考核频次，三年后企业可以连续向原认证机构申请换证，也可以找其他机构重新认证，一来保证企业持续达到标准要求并不断改进，二来制止认证机构终身制，以确保 ISO 14000 系列尺度的监视力度。

《环境管理体系要求及使用指南》中的有关规定强调评审机构对组织环境绩效信息和有效性进行考核。CNAS（中国合格评定国家认可委员会）是国内最权威的认证机构，通过 ISO 14000 标识最多，是否其负责的认证机构认可更为严格，继而认证机构对企业 ISO 系列认证的执行更严格？而其他小型认可委员会对认证机构的认证较为宽松，导致认证机构更容易与企业勾结，使企业认证产生"两张皮"？为解决这个疑问，我们提出假说 5：

假说 5：企业的 ISO 14000 认证为 CNAS 标识时，与其通过 ISO 14001 认证前后的单位营业收入排污费减少无关。

通过回归模型（3）来检验该假设：

$$\ln(PC_{T+1}) = \alpha_1 \ln(PC_{T-1}) + \alpha_2 CN \tag{3}$$

其中 CN 是哑变量，样本公司为 CNAS 标识时取值为 1，否则取值为 0。该回归分析的样本是 161 家通过认证的企业，其中持有 CNAS 标识的企业 126 家。

由表 4-5 可以看出，CN 前的系数 α_2 大于 0，对应的 P 值大于 0.1，没有通过显著性检验，即 ISO 14001 认证的 CNAS 标识对认证前后的环境绩效变化没有影响。

表 4-5　回归系数表和方差分析表主要数据（3）

	变量	回归系数					方差分析			
		α_2	标准误差	*Beta*	*T*	*P*	adj. R^2	*df*	*F*	*P*
模型（3）	*CN*	0.170	0.573	0.019	0.296	0.768	0.473	158	46.922	0.000
	$\ln(PC_{T-1})$	1.219	0.129	0.607	9.475	0.000				
	常数	−3.888	1.163		−3.342	0.001				

（五）覆盖规模与排污费

实行 ISO 14000 系列标准是企业由粗放型经营向集约密集型经营转变的手段，要求企业竭力改善生产力，引入新技术、新方法，增加产品的技术含量。认证覆盖人数越多的企业，不仅意味着其有较强的经济实力进行环境评估和认证，还意味着企业有更强的环境意识，愿意加大成本进行真实的环境管理，而不仅仅是买张证书做样子。因此，认证覆盖人数更多的企业是否有更多动力执行认证继而带来更多的环境成本好处？换句话说，认证覆盖人数多的企业在短期内是否对其环境绩效的影响要大于认证覆盖人数少的企业？为解决这个疑问，我们提出假说6：

假说6：企业的 ISO 14000 认证覆盖人数，与其通过 ISO 14001 认证前后的单位营业收入排污费减少无关。

通过回归模型（4）来检验该假设：

$$\ln(PC_{T+1}) = \alpha_1 \ln(PC_{T-1}) + \alpha_2 NP \tag{4}$$

其中 NP 是哑变量，样本公司覆盖规模大于 500 人时取值为 1，否则取值为 0。该回归分析的样本是 161 家通过认证的企业，其中认证覆盖人数小于 500 人的有 95 家。

由表 4-6 的方差分析结果可以看出，调整后的 R^2 为 0.600，P 对应的值小于 0.001，模型 4 有统计学意义，通过 F 检验。由回归系数分析结果可以看出，NP 前的系数 α_2 小于 0，对应的 P 值小于 0.01，在 0.01 的水平上显著不为 0，由此可以拒绝假说 6，即 ISO 14001 认证的覆盖人数对认证后的带来的环境绩效增加更为明显，二者有正向促进作用。

表 4-6　回归系数表和方差分析表主要数据（4）

		回归系数					方差分析			
	变量	α_2	标准误差	*Beta*	*T*	*P*	adj. R^2	*df*	*F*	*P*
模型（4）	*NP*	-1.240	0.456	-1.168	-2.719	0.007				
	ln（PC_{T-1}）	-1.205	0.124	-0.600	-9.717	0.000	0.600	158	52.739	0.000
	常数	3.000	1.151		2.606	0.010				

（六）新认证标准前后与排污费

国际标准化组织于 2015 年发布新版环境标准 GB/T 24001—2016/ISO 14001：2015，修订版进一步加强了对企业环境绩效的要求，企业需通过"算账管理"寻求提高环境绩效措施，并开始强调组织定期自主评估环境管理体系有效性和环境绩效。因此，2015 年后新通过认证的企业是否执行了更高的标准，继而带来环境绩效更显著的增加呢？为解决这个疑问，我们提出假说 7：

假说 7：2015 年后新通过 ISO 14000 系列认证的企业，与其通过 ISO 14001 认证前后的单位营业收入排污费减少无关。

通过回归模型（5）来检验该假设：

$$\ln(PC_{T+1}) = \alpha_1 \ln(PC_{T-1}) + \alpha_2 ISO \qquad (5)$$

其中 *ISO* 是哑变量，2015 年后新通过认证时取值为 1，否则取值为 0。该回归分析的样本是 161 家通过认证的企业。

表 4-7   回归系数表和方差分析表主要数据（5）

模型（5）	变量	回归系数					方差分析			
		α_2	标准误差	*Beta*	*T*	*P*	adj. R^2	*df*	*F*	*P*
	ISO	0.667	0.568	0.074	1.175	0.242	0.615	158	47.952	0.000
	ln（PC_{T-1}）	1.227	0.126	0.611	9.729	0.000				
	常数	−3.936	1.139		−3.479	0.001				

由表 4-7 可以看出，*ISO* 前的系数 α_2 大于 0，对应的 *P* 值大于 0.1，没有通过显著性检验，即根据 2015 年新标准通过认证，对企业环境绩效的改善没有直接影响。

四、本节结论

本节证实了 ISO 14000 标准认证能够为企业提供有效的环境管理模式，鼓励企业积极改善环境，实现低碳经济、循环经济和可持续发展，这也为后续环境绩效能够提高企业价值的研究提供了可靠证据。具体来说，ISO 14001 认证能提升排污费维度的环境绩效，且对环境绩效的增加有正向影响；进一步研究还发现，属于环境敏感型行业、有较大认证覆盖规模的企业，通过认证后环境绩效的增长幅度更为突出。持有最权威的 ISO 认证标识、通过 2015 版 ISO 14000 新标准的企业，没有发现优先于其他认证企业环境绩效的改善，说明我国的认证机构对 ISO 14000 认证的落地情况较好，且没有显著的机构性差异；

另外，2015 版新标准虽然更为严格，但其有效执行需要一段时间的积累，现有数据情况下未发现新标准在减少企业排污费方面的突出作用。

本节研究局限主要包括四个方面：（1）以线性回归模型探讨行业、标识、覆盖规模等对环境绩效的影响依据不够充分，自然对数的线性回归是文章为了验证假设做出的简化设计，只能从表面上验证两者的大致相关性；（2）通过 ISO 14000 认证的上市公司在全部通过认证的公司中只占很少的比例，非上市公司是否有同样的环境表现尚待验证；（3）企业环保投资维度的环境绩效虽然没有通过检验，但是这与该数据的来源不无关系，由于上市公司环境信息披露没有统一标准，如在"政府补助"里有"企业本年度购置环保设备补贴"，但在财务报表中无法找到这部分环保设备的入账金额，"污水处理设施""废气排放监视仪""脱硫脱硝装置"等也无法找到投资额度；"实现各环节中水回用"的投入金额也无法在相关财务报告中找到；高新技术应用和技术改造、无形资产研发中与环境管理相关的部分都难以确定，还有收付实现制和权责发生制的问题，故环保投资金额难以横向和纵向对比；（4）真正的排污费应该从环境会计视角将每个企业每年的各种污染物量化和货币化，现有披露对污染物排放的描述过于笼统，只有很少一部分企业披露了排污费，且排污费并未完全将污染和资源消耗成本化。

利益相关者的绿色偏好会引导企业转变运营计谋，经由被动或自动的体例下降情况外部不经济性，在这类情况本钱内部化的过程当中，产品价格和资产价值发生转变，但是，情况信息的表达是庞大的，其转变水平既取决于企业在所属行业内的竞争水平，也取决于环保政策的履行水平和结果，企业履行情况管理机制带来的情况结果并不是可以简略权衡的事，未来情况信息表露的标准化和完美化，将为 ISO 认证的情况代价继而带来的经济代价深层次机制钻研提供契机。

第二节　ISO 14001 与营业成本

自工业革命以来，由于人们以牺牲环境为代价片面地发展经济，水土流失、全球气候反常、生态环境严重破坏等环境问题频发，转变经济发展方式、建设环境友好型社会刻不容缓。在我国，经济发展与环境保护的矛盾比发达国家更显尖锐，在经济与环境统筹兼顾的大趋势下，处在矛盾中心的重污染企业该如何整改与持续发展值得深思。环境管理体系认证（Environmental Management System，EMS）的建立不仅为企业设置了环境方面的标准，同时有助于将企业在环保方面的作为具体化。EMS 由第三方公证机构以现有的 ISO 14000、ISO 14001 等环境管理系列标准为评判基础，达标企业具有符合环境管理系列标准的要求来提供产品或服务的环境保证能力。环境管理体系认证适用范围广、接受度高，具有相当的国际权威。

于企业本质而言，作为经济组织，企业的目的是获取利润，而成本与利润息息相关，是每个企业都必须关注的因素。过去企业为了节约成本而不顾对环境的污染片面地扩大生产发展经济，但在如今的经济政治宏观环境下，保护环境与降低成本增加利润是否冲突呢？如今，我国为贯彻落实科学发展观，构建两型社会，制定了一系列环境保护的相关政策，奖励节能减配，惩罚、整改重污染企业，重污染企业必须为污染环境的行为担负相应责任。2018 年 1 月 1 日，《环境保护税法》正式实施，4 月 1 日起环保税正式开征；美国等发达国家针对工业为主的发展中国家还建立了日趋严苛的环境标准，甚至建立起非关税绿色贸易壁垒，达不到标准的重污染企业在出口贸易中很容易遭受巨大的经济损失；不仅如此，消费者与潜在消费者也越来越关注企业的环保问题，绿色企业的声誉往往比重污染企业要好。因此可以说政策与对外贸易制约着重污染企业的发展，环境问题影响着企业的形象，这些都是企业生存和发展必须关注与重视的问题。

本节通过研究执行环境管理体系认证与企业成本的关系，来论证重污染企业注重环保能够降低成本并促进企业经济发展，这有利于为统筹兼顾经济与环保提供理论支撑，从企业自身利益的角度出发规劝企业重视环境管理，促进企业提高生产经营效率，促进生产方式与经济增长模式的转变，打破绿色贸易壁垒促进海外市场健康发展，从而有益于企业的长期可持续性发展，为国家建设环境友好型、资源节约型社会添砖加瓦。

一、文献回顾

ISO 14000 系列认证标准正式颁布后便在世界各国掀起了浪潮，相应的，针对环境管理体系认证的研究也层出不穷，国外有许多关于环境管理体系认证的研究文献。对于企业为什么主动执行环境管理体系认证，即企业的认证动机，研究者们各持己见：Amit（2007）通过调查与研究发现，由于产品质量与环境阶梯的存在，尽管发展中国家在低端产品市场上有强大的竞争力，其高端产品却因质量和环境障碍很难对美国产品造成威胁，即提升产品的质量与竞争力是企业主动执行环境管理体系认证的动机之一。Qi 等（2011）发现，源于企业外部的压力，特别是来自本国消费者和外国消费者的压力，对企业 ISO 14001 认证有显著的正向影响，消费者的压力也是促进企业执行环境管理体系认证的重要因素。Nishitani（2009）经过一系列研究认为日本公司通过 ISO 14001 的重要动机是进行国际贸易，日本公司为了打开国际市场而主动执行环境管理体系认证。也有一些学者认为企业执行环境管理体系认证的一部分动机源于政府：Delmas 和 Toffel（2004）认为企业或者受法律法规的规制或者受政府补贴的诱导，Johnstone 和 Labonne（2009）发现企业可持续发展认证能够减少政府检查频率。但 Wiengarten 等（2013）对此持有不同意见，通过对比北美和西欧的企业，Wiengarten 等认为 ISO 14000 更多是基于降低上下游企业环境风险的考虑，而非法律规制的影响。实际上，并非所有的企业都具有执行环境管理体系认证的动机。Sharma（2000）发现，一部分管理者认为加强环境管理可以强化企业竞争力，于是此类管理者会为此投入精力，另一部分管理者认为环境管理会增加运营成本，他们只会在企业找到存在合法性的最低水平上关注环境问题，不会付出过多的资金与精力。在以上文献的基础上可以总结出，企业主动执行环境管理体系认证的主要动机在于提升产品或公司本身的竞争力、发展海外市场、应对消费者的压力、提高企业管理效率以及源于政府或法律法规的因素。

尽管不同的作者所持的观点不尽相同，但绝大多数认可企业执行环境管理体系能对企业产生一系列积极影响，间接或直接地降低企业的成本。从企业绩效来看，执行环境管理体系认证有利于改善企业的形象，扩大企业的营业利润，提升企业竞争力。一方面，执行环境管理体系认证能在无形中对企业产生积极作用。Martín-pena 等（2014）将 ISO 系列认证视为无形资产，可以提升品牌价值，形成品牌效应；Hasan 和 Chan（2014）发现 ISO 14000 有助于国际市场的制造型企业减少浪费、降低成本、提升环境效果和产品质量，改善企业声誉；Singh 等（2014）也认为，企业建立起可持续的绿色生态网络可以有效地提高声誉；Manisara（2014）发现泰国实施 ISO 14000 的企业可以获得更大的组织信任，提升企业形象；Rout 等（2013）认为 ISO 认证代表了现代化管理方式，能够增强实效性、品牌价值和产品质量，稳定企业现有市场地位，并增强企业在全球市场的竞争力；在经营业绩与财务效益方面，Hamilton 等（2006）证实环保活动和环保宣传有助于增加顾客访问量，提升销售业绩；Arend（2014）发现注重绿色政策的企业，销售额和销售回报率等更高；Salo（2008）认为在机构投资者越来越关注投资风险和投资机会的背景下，非财务性环境信息会使投资者将眼光更加关注到环境领域，成为投资者判断资本市场风险和预测盈利可能性的载体之一，在此基础上可以推测企业执行环境管理体系认证能够起到吸引投资的作用；Aragon-Correa 和 Sharma（2003）则总结企业的竞争水平和认证通过率正相关。总而言之，执行管理体系能够改善企业声誉，塑造良好的企业形象，并切实地提高销售量，增加利润，吸引投资，提升企业的竞争力。

从企业的运营流程与环境绩效方面来看，企业可以通过执行环境管理体系认证提高生产与管理效率，提高资源利用率，节约资源，降低能源消耗，从而直接影响企业的成本。Aragon-Correa 等（2003）从理论上探讨了如何通过改善企业内部的生产和运营过程提高环境绩效，进而增加企业竞争力；Porter 等（2006）指出，随着环境相关法律、法规的完善和执行力度的加强，污染型企业不得不通过专门的环境运营体系来提高环境绩效，以规避潜在危机；Ullmann 等（1985）认为公司环境战略对环境行为有重要影响，实施积极环境行为的企业会有更好的环境表现；Rao 和 Hamner（2016）使用结构方程模型，表明企业执行环境管理体系认证能显著减少生产过程中的污染物排放量，并提高资源利用率提高；Testa 等（2014）对比意大利 229 家能源密集型企业对国际 ISO 14001 标准和欧洲 EMAS 体系的不同反应，发现企业短期和长期二氧化碳排放量均有显著降低，但两种标准的效果有差异；Picazo 等（2014）认为环保技术的提升可以有效增加生态效率，改善环境绩效；Singh 等（2014）认为，可持续的绿色生态网络可以提高资源利用率和劳动生产率，减少污染、节省费用。

执行环境管理体系认证能通过影响对与成本有关联的因素，从而间接地起到降低企业成本的作用。从对外贸易方面来看，企业执行环境管理体系认证能够打开海外市场，吸引客户，并规避环境责任事件，从而有利于降低企业的成本。Prakash 和 Potoski（2006）认为出口主导型企业更看重自身的环保价值和社会标准，通过国际标准认证作为可见信号以吸引潜在国外客户；Lee（2005）发现马来西亚公司通过 ISO 14000 后更容易进入国际市场，国内和国外市场份额均有所增加；Miles（1997）发现国际购买方要求发展中国家的供应方提供 ISO 14000 证明，规避可能出现的诉讼和环境风险，显然避免诉讼案件与环境责任事故能直接减少企业的支出，节约企业成本；Nishitani（2009）发现，美国汽车产业普遍要求其海外供应商必须满足 ISO 14001 认证。

从企业的可持续发展水平来看，Delmas 和 Toffel（2004）总括性地认为企业通过各项管理系统认证以改善可持续发展水平，环境管理作为管理系统中的重要部分，也能起到改善企业可持续发展水平的作用；Jayashree 等（2015）通过调查发现马来西亚的制造型企业将 ISO 14000 看作一项成本，其收益是带来了更大的可持续性。显然 ISO 14000 后期能够回本，并且带来降低成本的作用；Wang（2014）从可持续发展三重底线出发，分析了中国制造型企业管理认证体系的效率和有效性，揭示了企业近些年有通过多个认证体系的趋势，并通过集成不断得到同化、整合、协同和累积效应，提高了企业的可持续效率；Ejdys 和 Matuszak-Flejszman（2010）指出企业实现可持续发展目标的战略之一是进行国际标准化管理体系认证。简言之，这些研究者认为企业执行环境管理体系认证能够促进企业可持续发展水平的提升，是企业实现可持续发展目标的重要条件。

通过不同时期不同国家的研究者的文献，可以总结出绝大多数研究者认为企业执行环境管理体系认证能够对企业起到一系列积极作用，能通过生产效率、能源利用率、规避环境责任事故起到直接降低企业成本的作用，也能通过提高企业销售绩效、打破绿色贸易壁垒、改善企业形象等间接地促进企业成本的减少。这些文献对现在的研究有着一定的参考、借鉴价值。

自从 ISO 14000 系列标准推出，我国也有相当一部分学者对环境管理体系认证进行了研究。万举勇和王孝明（1999）认为企业实施 ISO 14000 系列标准可以降低企业在生产过程中的能耗，因此减少成本，增加净收益，而且还有利于优化企业的管理水平，提高企业效率。除此之外，执行 ISO 14000 认证也能减轻来自企业外部的压力，如政府等。执行环境管理体系认证本身就是一项成本，但由于其收益性，长远而言会在整体上降低企业的营业成本。王立彦与袁颖（2004）认为企业一般将环境管理体系认证的成本确认为固定成本，执行认证所带来的收益多少与企业的规模有关，企业规模越大，执行认证所带来的收益越多。就此来看，规模越大的企业通过环境管理体系认证能获得更大的收益，认证成本作为一项固定成本不会变动，故企业的营业成本相对地降低了。张三峰（2015）在研究中嵌入全球价值链及非正式环境规制与中国企业 ISO 14001 认证的关系。结果表明，出口与企业采纳 ISO 14001 认证存在显著正向关系，这表明，通过全球价值链传递的国外非正式规制有利于中国企业环保行为的改善；国内公众环境关注度能有效推动企业贯标 ISO 14001；在其他条件不变的情况下，贸易目的地 ISO 14001 认证数的反向溢出效应有差异性。耿建新（2006）发现 ISO 14001 类似于发达国家给发展中国家设置的非关税贸易壁垒，通过认证可以帮助企业取得跨国经营的绿色通行证，拓展营业市场。王树义（2002）通过研究发现，在国际市场中的"绿色壁垒"具有两种特性，其一是一种非关税贸易壁垒，其二在促进环保方面起到督促作用，他认为企业通过环境管理体系认证有利于突破这种"绿色壁垒"，进入国际市场。而对于发展中国家的出口导向型企业而言，其进口国目标市场在环境方面的规定对企业的影响更大。耿建新与肖振东（2006）通过研究发现，对于上述类型的企业，进口国在环境方面的规定所产生的影响远大于其本国，出口导向型的企业为了迎合欧美国家对环保的规定与要求，不得不投入资金转变企业的生产方式，而这项成本能提高企业在国际市场上的竞争力，最终有利于提升企业自身的价值。

上述文献虽然研究的角度各有不同，但大体赞成企业通过执行环境管理认证能够直接或间接地影响企业的成本，有利于提高企业的生产、管理效率，促进企业价值的提升。

二、研究假说

如今国家针对企业的环境污染问题制定了一系列的方针政策与行政法规，以法律为保障影响着企业的成本：如通过消费税等税收政策对重污染行业加大征税量，对重污染的企业采取罚款等系列惩罚，而对绿色企业提供政府补助等；同时，在国际市场上许多国家对外贸商家制定了严苛的环保标准，没有通过环境管理体系认证的企业无法打破绿色贸易壁垒发展海外市场，甚至在出口贸易中蒙受损失；另外，在我国大力贯彻落实科学发展观的经济社会环境下，消费者也越来越重视企业是否环保，通常绿色企业能够得到消费者的青睐，建立起良好的社会形象，能在市场上占据更多的份额；而重污染企业不仅无法得到消费者的喜爱，企业形象也大打折扣，产品滞销，市场份额下降。故重污染企业不仅要面对整改的压力，还要负担大量的罚款，不论在外贸市场还是国内市场都不受消费者欢迎。而通过环境管理体系认证的企业则很少受环境方面的负面影响，也有更多的机会、更少的限制发展外海市场。

故本节提出假说：环境管理体系认证与企业营业成本成负相关关系。

三、研究设计

（一）样本与数据来源

本节以我国 2004—2016 年沪市、深市重污染企业上市公司为基础样本数据进行研究，环境管理体系认证数据来源于认证认可业务信息统一查询平台网站，公司治理数据和财务相关数据来自 CSMAR 数据库。其中，环境管理体系认证数据通过人工收集完成。剔除其他数据缺失的样本，剔除 ST、*ST 暂停上市、退市的企业样本，共得到 9286 个观测值。

（二）模型设定和变量定义

为了检验本节所作的假设，建立如下数学模型：

营业总成本：$Y_1 = a_0 + a_1 X_1 + a_2 X_2 + a_3 X_3 + a_4 X_4 + a_5 X_5 + \varepsilon$ （1）

主营业务成本：$Y_2 = a_0 + a_1 X_1 + a_2 X_2 + a_3 X_3 + a_4 X_4 + a_5 X_5 + \varepsilon$ （2）

其中，a_0 为与诸因素无关的常数项，$a_1 \sim a_5$ 为回归系数，ε 代表随机变量。

本节的被解释变量是企业运营成本，从营业总成本和主营业务成本两个方面进行度量。解释变量为 ISO 14001，代表企业是否通过环境管理体系认证，是虚拟变量。如果该企业在 t 年通过了 ISO 14001 体系认证，则该变量赋值为 1，否则为 0。为了控制其他指标变量可能对模型效果检验的影响，且参照以往相关文献，在本研究中我们加入了以下控制变量本节选取以下几个指标作为控制变量：

企业规模。用年末总资产的自然对数来衡量，企业的规模效益能对成本与经济效益产生一定影响，企业扩大生产规模，增加产品产量，会降低单位成本。

净资产收益率。用税后净利润与所有者权益之比表示，代表公司运用自有资本的效率。

上市年限。研究期与上市年份的差值，表示到研究期为止企业已上市的总年数。

资产负债率。总负债与总资产的比值，反映企业的全部资产中属于负债的比率。

具体变量定义表见表 4-8：

表 4-8　环境管理体系认证与企业营业成本变量定义表

变量类型	变量名称	变量定义	变量符号
被解释变量	营业总成本	营业总成本 / 总资产	$Y1$
	主营业务成本	主营业务成本 / 总资产	$Y2$
解释变量	环境管理体系认证	企业当年通过认证或认证在有效期取值为 1，否则为 0	$X1$
控制变量	企业规模	总资产的对数值	$X2$
	净资产收益率	税后利润 / 所有者权益	$X3$
	上市年限	研究期减上市年份	$X4$
	资产负债率	总负债 / 总资产	$X5$

四、实证分析

（一）描述性统计和相关性分析

经过对各变量指标 2004—2016 年 13 年的数据进行描述性统计分析后，结果如表 4-9 所示。从表中可知，营业总成本最大值为 717693.837，最小值为 -0.564，说明重污染企业在营业总成本方面的差异较大，由均值 421.603来看，重污染企业的营业总成本的平均水平较高。主营业务成本的均值为299.945，标准差为 1.082，相对营业总成本而言小一些，但营业总成本与主营业务成本之间的差值整体较大，重污染企业中净资产收益率、资产负债率的标准差分别为 3.491 和 2.552，说明重污染企业在偿债能力、盈利能力上差异较大。企业规模的标准差显示为 4.849，反映出各重污染企业在企业规模方面存在的很大的差异。衡量环境管理水平的环境管理体系认证这一项中，通过设为1，未通过设为 0，均值为 0.300，标准差为 0.457，说明重污染企业整体环境管理水平较低，未通过体系认证的企业占多数；企业上市年限的极差与标准差都较大，说明各重污染企业的上市年限差异很大，就平均值 9.37 而言，我国重污染企业上市年限整体来看不长。

表 4-9 环境管理体系认证与企业营业成本描述性统计结果

	N	极小值	极大值	均值	标准差
营业总成本	9286	-0.564	717693.837	421.603	1.490
主营业务成本	9286	0.000	527224.982	299.945	1.082
环境管理体系认证	9286	0.000	1.000	0.300	0.457
企业规模	9286	0.000	28.509	20.872	4.849
净资产收益率	9286	-2474.181	758.738	-0.375	3.491
上市年限	9286	-2	26	9.37	5.823
资产负债率	9286	-0.196	2.293	0.855	2.552

将营业总成本、主营业务成本、环境管理体系认证、企业规模、净资产收益率、上市年限和资产负债率分别进行 Pearson 相关性分析后得到表 4-10。

从表中可以看出，重污染企业主营业务成本与营业总成本在 0.01 水平上显著相关，企业规模与环境管理体系认证也在 0.01 水平上显著相关，而且资产负债率与净资产收益率也在 0.01 水平上显著相关。上市年限与营业总成本、主营业务成本、环境管理体系都在 0.01 水平上显著相关，说明上市年限对此三者都有相互影响，相关系数分别为 −0.030、−0.029 与 −0.091，显然上市年限与环境管理体系认证的相关性要明显地强于营业成本和主营业务成本。

表 4–10　环境管理体系认证与企业营业成本变量间的 Pearson 相关系数

	营业总成本	主营业务成本	环境管理体系认证	企业规模	净资产收益率	上市年限	资产负债率
营业总成本	1						
主营业务成本	0.997**	1					
环境管理体系认证	−0.014	−0.015	1				
企业规模	0.002	0.002	0.168**	1			
净资产收益率	0.000	0.000	0.008	0.014	1		
上市年限	−0.030**	−0.029**	−0.091**	0.002	−0.011	1	
资产负债率	0.000	0.000	−.010	−0.011	−0.901**	0.015	1

*表示在 0.05 水平上显著相关，**表示在 0.01 水平上显著相关

参照以往文献需要检测变量间可能存在的多重共线性问题，为了对模型进行有效准确的多元回归分析，首先要排除各个变量之间的多重共线性。本节统计了每个自变量的方差膨胀因子和容忍度，本节的几个主要变量间的多重共线性检验结果如表 4-11 所示，由表 4-11 我们能看出，本节所选的这几个解释变量的方差膨胀因子（*VIF* 值）都小于 2，容忍度（*Tolerance* 值）都大于 0.1，故接下来要研究的多元回归模型能够排除各变量之间存在多重共线性的情况，可以对此进行进一步分析。

表 4-11　解释变量在各模型中的最大 *VIF* 和最小 *Tolerance* 值

变量	方差膨胀因子 *VIF*	容忍度 *Tolerance*
环境管理体系认证	1.038	0.963
企业规模	1.030	0.971
净资产收益率	1.068	0.936
上市年限	1.415	0.707
资产负债率	1.032	0.969

（二）模型回归结果

为了检验本节所作假设，将面板数据经过 stata 软件对两个模型进行回归分析后，得到如下分析结果（见表 4-12）。

表 4-12　模型回归结果

	（1）	（2）
	营业总成本	主营业务成本
环境管理体系认证	-585.7**	-445.0**
	（-2.18）	（-2.31）
企业规模	14.44**	10.99**
	（2.13）	（2.23）
净资产收益率	-0.810***	-0.315
	（-3.35）	（-1.57）
上市年限	-80.31***	-56.27***
	（-2.81）	（-2.77）
资产负债率	-0.966**	-0.479
	（-2.47）	（-1.55）
常数	1046.5***	729.8***
	（2.84）	（2.79）
N	9286	9286
调整后的拟合优度	0.091	0.098

t statistics in parentheses

* $P < 0.10$，** $P < 0.05$，*** $P < 0.01$

表 4-12 的回归结果表明，以营业总成本为解释变量时，环境管理体系认证的回归系数在 5% 的水平上显著为负，以主营业务成本为解释变量的回归方程中，环境管理体系认证的回归系数也均在 5% 的水平上显著为负，这表明企业执行环境管理体系认证，无论是对降低营业总成本还是主营业务成本而言都能起到明显作用。

从控制变量来看，企业规模与营业总成本、主营业务成本都成显著负相关关系。企业规模大能够形成规模效益，利于降低企业成本。规模效应以边际成本理论为基础，企业的成本分为固定成本与变动成本，在企业扩大生产规模后，变动成本会与产量成正比增加，而固定成本则保持不变，故单位产品成本就会下降；净资产收益率与营业总成本在 1% 的水平上显著为负，二者显著负相关，净资产收益率是指税后利润与所有者权益的比值，代表公司运用自有资本的效率，显然该比值越高，资本运用效率越高，说明投资带来的收益越高，与总成本成负相关；上市年限与营业总成本和主营业务成本都有着十分明显的负相关关系，可见上市越久，企业也发展越久，筹资途径更广，在生产经营中都积累了不少的经验与教训，形成了相对合适的管理模式和运营程序，在知名度及与上下游企业的合作关系方面都占优势，从而做横向比较时营业总成本和主营业务成本要低。资产负债率与营业总成本在 5% 的水平上显著为负。资产负债率又称为举债经营比率，衡量企业的总资产中有多少比例是通过债务筹资方式取得的，资产负债率越高，说明企业举债程度越高，故财务杠杆系数也越大，在控制在一定范围之内时，这能使企业缴纳更少的所得税，获得财务杠杆利益。并且，取得债务资产本身的成本就比权益资本的成本低。故在正常范围内，提高企业的资产负债率能够降低企业的营业总成本。以上各控制变量的回归系数符号基本与我们的预期一致。

由上可知，重污染企业通过环境管理体系认证能有效地降低企业的营业总成本和主营业务成本，且在统计意义和经济意义上均有较高的显著水平，假设得到验证。

五、本节结论

经过基于大量数据的实证分析，企业执行环境管理体系认证与营业成本成负相关，说明确实可以通过执行环境管理体系认证有效地降低企业的成本。究其原因，第一，执行环境管理体系认证在很多时候能避免环境责任事故，减轻了各类罚款支出。通过认证的企业具有排放达标的能力，避免了各类污染物超标排放的罚金，如某污水超标严重的公司，需缴纳的罚金每月高达 4.28 万元，执行认证促使该公司克服了在生产过程中的污水排放超标问题，一年能节省51.36 万元。第二，根据 ISO 14001 系列标准，企业还需要主动污染预防，节约资源能源，这便使得企业减少了在能源与资源上的开支，并通过资源的循环利用进一步缩减了成本，如著名电器生产企业飞利浦对包装纸箱等低值易耗品进行重复循环利用，共为企业节省了 100 万元的费用开支。第三，执行环境管理体系认证使企业减少了对易污染环境商品的消费，如焰火、鞭炮、汽油、柴油等，而这类商品正是在消费税的征税范围内，减少此类商品的消费减轻了企业的税负，从而能减少企业的成本。第四，企业通过执行环境管理体系认证能打破非关税绿色贸易壁垒，在出口贸易中的限制得以减少。第五，企业的社会形象也是不容忽视的因素。执行环境管理体系认证有利于改善企业的社会形象，受到消费者与潜在消费者的青睐，能提高企业的声誉以及在市场上的影响力，这在一定程度上也间接地降低了企业的管理、销售等成本。

国家相关部门应做好重污染企业的环境管理体系建设推广工作。相关部门应召集重污染企业的管理层召开有关环境管理体系认证的会议，引起企业高度重视，或加大对该认证的宣传力度，告知企业执行环境管理体系认证的重要性与必要性，促使企业从自身利益出发积极主动执行环境管理体系认证。本节证实环境管理体系认证能够降低企业成本，建议政府将认证纳入企业考核范畴。通过使认证在考核中占适当大的权重能进一步加强企业对环境管理体系认证的重视程度，一定程度上能保证企业为了通过考核或取得更好的考核结果，及时执行环境管理体系认证，加强自身环境管理，降低营业成本，有效地提高经济效率。

第三节 ISO 14001 与资产报酬率

近几十年以来，我国因工业化所引起的环境问题日益严重：废水不经处理直接排放到河流海洋造成水资源污染、土壤污染；废气的直接排放则造成了大气污染，引发了严重雾霾。因此，国家也十分重视环境问题，习近平总书记强调："要像保护眼睛一样保护生态环境，像对待生命一样对待生态环境。"政府推出了许多针对性的政策：节能减排、新能源推广等。国家在重视环境问题的同时，也对企业的排污进行了要求。我国在 1997 年引入了 ISO 14001 环境管理体系认证，近年来该认证的发展也极为迅速，于是便出现了之后的众多企业申请通过环境管理体系认证的趋势。

对于企业而言，利润才是其追求的本质，但是盲目地追求利润只会对环境造成更为严重的破坏——大量砍伐，废弃物焚烧填埋，这便与环境管理体系认证的目的相悖。若是企业既想做到环境保护又想创造利润，就需要研究环保与利润之间的关系，也就是环境绩效是否与财务绩效正相关。由于关于环境绩效的数据以定性为主，难以统一量化，且数据来源较少，并且根据文献研究，通过环境管理体系认证可以有效地代表环境绩效，即通过认证代表该企业拥有更高的环境绩效，所以本节将以是否通过 ISO 认证来衡量企业的环境绩效。以往研究表明通过环境管理体系认证对企业内部价值具有正向影响，但由于数据样本存在不完整等可能问题，因此得出的结论也是初步的，一些相关研究也存在争议。在此基础上，本节收集了大量上市公司数据进行整理分析。通过研究 ISO 14000 与财务绩效的关系，探讨环境绩效是否可以真正传导到公司的收入或利润，从而引导更多企业尽快通过环境管理体系认证，实现产业、产品绿色化，提升环境管理水平，提高资源利用率，促进企业发展，提升企业形象与名声。

一、文献回顾

多位国外学者通过研究全球各国的不同企业，均发现环境管理认证体系对企业的发展在不同方面具有很大的影响作用，因此，Lacoul（2015）就以实证分析了影响企业能否成功实施环境管理体系认证的因素，并通过此分析证明了不同因素对实施认证的作用。

第一是知名度和企业声誉与形象。Arya 和 Zhang（2009）通过对南非上市公司研究发现，通过认证后的企业将获得知名度以及形象的提高，而对于知名企业来说声誉极为重要，所以知名企业对通过 ISO 认证的倾向性更高。Hamilton 等（2006）则证实了 ISO 14001 能够有效提升企业的名声与形象，并给公司做到更直接的宣传。企业为了通过环境管理体系认证会开展更多的环保活动和环保宣传，这些活动会增加顾客访问量，从而增加销售额。Hasan 和 Chan（2014）发现 ISO 14001 有助于制造型企业减少浪费、提升环境效果和产品质量，改善企业声誉。Singh 等（2014）和 Arend（2014）认为，当今市场对绿色标志的信任度逐步提升，而通过 ISO 14001 对于企业而言相当于打开了一条绿色通道，该通道可以提高企业声誉，在市场得到认可，也可以为公司带来更高销售额和利润。

第二是企业在市场上的竞争力。Aragon-Correa 和 Sharma（2003）最先提出企业面临的竞争水平和认证通过率正相关。发达程度不同的国家在国际贸易市场上的地位不同，产品等级不同的企业的竞争力也不一样。Amit（2007）发现发展中国家低端产品之间存在不同程度的竞争力，但高端产品因质量和环境障碍难以对美国产品造成威胁，因此通过环境管理认证体系在市场竞争中更具有优势。Lee（2005）分析了马来西亚公司过后发现通过 ISO 14001 后更容易进入国际市场，竞争力能够得以提升。Rout 等（2013）认为 ISO 认证能稳定市场地位，增强企业在全球市场的竞争力。

第三是收益的增加。Khanna 等（2007）上市公司更倾向于申请通过各类认证以增强自身竞争力，并给其他相关企业带来压力，因为通过认证的企业能够在企业价值上得到提升，带来更多收益，从而吸引更多投资者进行投资。Kositapa（2015）对实施环境管理体系认证的企业进行成本—效益分析，发现这些企业效益均得到有效的提升。同样的，在对泰国企业的研究中，Manisara（2014）、Prakash 和 Potoski（2006）发现实施 ISO 14000 的企业可以提升企业在市场上的形象，拓展国外市场，吸引更多国外潜在股东和消费者，从而间接地为企业带来更高的收益率。Martín-pena 等（2014）则将 ISO 认证看作是一种无形资产，可以有效提升品牌及公司内在价值，可以随时为企业带来收益。

第四是企业环境风险的降低。Miles（1997）发现国际购买方要求发展中国家的供应方提供 ISO 认证证明，因为通过环境管理体系认证能够有效降低企业在环境方面的风险，购买方也能有效地规避相关诉讼和环境风险。Wiengartin 等（2013）通过对比北美和西欧的企业发现，ISO 14001 更多是基于降低上下游企业环境风险的考虑，而风险的降低恰好是投资者选择投资目标的影响因素之一，故降低环境风险可以带来更多股东投资和消费者购买力，带动企业经济发展。

综合上述文献可以得出，知名度和竞争力的提升可以间接影响投资者的投资取向、股价提升等方面，从而带来收益和财务绩效的提高。在国外学者的研究中，通过环境管理体系认证对于各国企业均是利大于弊，逐渐已经成为大势所趋。

国内的学者通过研究我国各企业数据也分别得出了通过环境管理体系对企业发展有正向影响。胡曲应（2012）参考了国内外关于环境绩效与财务绩效关系的文章，但由于关于环境绩效的数据匮乏，故以排污费为切入点分析了我国多家上市公司的数据后得出环境绩效与财务绩效之间存在因果关系，并且是正相关的结论。王立彦、林小池（2006）通过分析多家上市公司数据（包含环境敏感型行业），得出通过环境管理认证对企业内在价值有正向影响，并且认为该认证对敏感行业的企业效果更明显。耿建新、肖振东（2005）通过对比我国上市公司中通过认证公司与未通过认证公司的数据，发现通过环境管理体系认证的企业通常比未通过认证企业更能获得超常出口收入增长率。耿建新和肖振东（2006）所发表的文章中阐述了与 Singh（2014）一样有关于绿色通道的理念，他们发现通过 ISO 14001 认证可以帮助企业取得跨国经营的绿色通行证，打开更大的营业市场并占据一席之地。王立彦和袁颖（2004）研究了 ISO

认证与企业价值的关系，在研究我国上市公司股票超额回报与 ISO 认证的关系后指出，ISO 认证会对股票市场产生正向影响，但随着公司规模的增大，其影响力也会下降。东昱明（2004）在确认环境管理体系认证能够给企业带来正影响的基础上还指出了认证能增强企业知名度、推动技术进步、节能减排等益处。

二、研究假说

通过环境管理体系认证能够改善企业对环境的污染，有效减少资源浪费，从而提升企业声誉与价值（东昱明，2004），提升企业内在价值（王立彦，林小池，2006），得到消费者的认可、吸引更多投资者（Wiengartin 等，2013），带来出口额的增加（耿建新，肖振东，2005）。所以在如此多的益处下，笔者认为，环境管理体系认证对企业财务绩效具有正向影响。

故而本节提出假说：环境管理体系认证与总资产报酬率、净资产报酬率和利润率成正相关关系。

三、研究设计

（一）样本与数据来源

本节基础样本为我国 2004—2015 年沪市、深市重污染企业上市公司数据，公司治理数据和财务相关数据来源于 CSMAR 数据库，环境管理体系认证数据来源于认证认可业务信息统一查询平台网站。环境管理体系认证数据通过人工收集完成。剔除其他数据缺失的样本，剔除 ST、*ST 暂停上市、退市的企业样本，最终得到 7962 个观测值。本节用来分析的软件是 Excel 和 SPSS 统计软件。

（二）模型设定和变量定义

为了检验本节所作的假设，建立如下数学模型：

$$ROA = a_0 + a_1 ISO\ 14001 + a_2 SIZE + a_3 LEV + a_4 GROWTH + a_5 CE + a_6 CONTROL + a_7 NUM + a_8 STATE + a_9 YEAR + \varepsilon \tag{1}$$

$$ROE = a_0 + a_1 ISO\ 14001 + a_2 SIZE + a_3 LEV + a_4 GROWTH + a_5 CE + a_6 CONTROL + a_7 NUM + a_8 STATE + a_9 YEAR + \varepsilon \tag{2}$$

$$ROS= a_0+a_1ISO\ 14001+a_2SIZE +a_3LEV+a_4GROWTH+a_5CE + a_6CONTROL +$$
$$a_7NUM + a_8STATE + a_9YEAR +\varepsilon \qquad （3）$$

其中，a_0 为常数项，$a_1\sim a_9$ 为回归系数，ε 代表随机变量。

很多文献证实环境绩效能够提高财务绩效水平，财务绩效代理变量较为广泛，主要包括总资产报酬率 ROA（吕俊，2011），净资产报酬率 ROE（Zhang，2007），利润率 ROS（Aras，2010），故本节选用 ROA、ROE、ROS 三个变量代表财务绩效。

解释变量用来代表环境绩效水平，虽然国外普遍使用有毒物质排放清单或 CEP 代表环境绩效，这两个数据是发达国家的企业需要定期披露的，有稳定和全面的数据源，但是我国并没有类似的公开数据库。我国学者曾使用是否收到环境处罚作为环境绩效的代理变量（吕俊，2011），但是这个指标主要来源于新闻，难以全面和准确获得，会带来很多误差。White（1996）证实加入环境管理标准 ISO 14001 可以作为衡量环境绩效变量的有效指标，且我国的认证认可委员会平台有所有企业的认证数据，数据来源系统、准确，故本节选取 ISO 14001 代表环境绩效，积极认证的企业有较高的环境管理意识和行为，环境绩效好。

结合胡曲应（2012）年发表的《上市公司环境绩效与财务绩效的相关性研究》，以及前人的诸多研究成果，本节挑选了一些与 ROA、ROE、ROS 三个财务绩效代理变量有潜在因果关系的控制变量，包括企业规模、资产负债率、营业收入增长率、经营效率、第一大股东持股比例、上市时公司董事会人数、股权性质、上市年限 8 个指标，如表 4-13 所示。

表 4-13　环境管理体系与资产报酬率变量定义表

变量类型	变量名称	变量定义	变量符号
被解释变量	总资产报酬率	净利润除以期间总资产平均值	ROA
	净资产报酬率	净利润除以期间净资产均值	ROE
	利润率	净利润除以营业收入	ROS
解释变量	环境管理体系认证	企业当年通过认证或认证在有效期取值为 1，否则为 0	ISO 14001

变量类型	变量名称	变量定义	变量符号
控制变量	企业规模	总资产的对数值	SIZE
	资产负债率	总资产/总负债	LEV
	营业收入增长率	（本期营业收入－上期营业收入）/上期营业收入	GROWTH
	经营效率	营业成本/营业收入	CE
	第一大股东持股比例	第一大股东持股比例	CONTROL
	上市时公司董事会人数	上市时公司董事会人数	NUM
	股权性质	国有控股取值为1，非国有控股取值为0	STATE
	上市年限	研究期减上市年份	YEAR

四、实证分析

（一）描述性统计和相关性分析

表 4-14　环境管理体系与资产报酬率描述性统计结果

	极小值	极大值	均值	标准差
ROA	-2474.181	758.738	-0.437	3.770
ROE	-1.972	9.537	-2.322	2.213
ROS	-1.433	3.513	5.222	4.669
ISO 14001	0	1	0.28	0.451
SIZE	12.314	28.509	21.866	1.344
LEV	-5.136	8.659	1.479	9.714
GROWTH	-1.000	6.655	0.599	1.206
CE	0.000	2.506	7.594	1.832
CONTROL	0.286	89.986	36.046	15.660
NUM	4	18	8.92	1.871
STATE	0	1	0.54	0.498
YEAR	0	25	9.01	5.514

经过对各变量指标 2004—2015 年的数据进行描述性统计分析后，结果如表 4-14 所示，可以看出，*ROA*、*ROE*、*ROS* 的极小值均小于 0，说明有些公司的报酬率等不增反减，其中 *ROA* 的极小值甚至达到 −2474.181，该公司的总资产报酬率发展不容乐观；*ROA* 和 *ROE* 的均值也处于 0 以下，说明所有样本公司中报酬率降低的数值高于增加数值；*ROS* 的极大值为 3.513，均值为 5.222，说明利润率增加的公司占比较高。从表 4-14 可以看出未通过环境管理体系认证的企业在半数以上。参考企业规模、资产负债率、营业收入增长率等数据亦可发现，这些指标也对财务绩效有一定影响。

将总资产报酬率、净资产报酬率、利润率等分别进行 Pearson 相关性分析后得到表 4-15。ISO 14001 与总资产报酬率、净资产报酬率、利润率的相关性分别为 0.008、0.007 和 0.005，相关性并不显著；企业规模（*SIZE*）与 *ROA* 在 0.01 水平上显著；资产负债率（*LEV*）与三者的相关性并不显著；营业收入增长率（*GROETH*）与 *ROS* 在 0.01 水平上显著；经营效率（*CE*）与 *ROA* 和 *ROS* 在 0.01 上显著；第一大股东持股比例（*CONTROL*）、上市时公司董事会人数（*NUM*）、股权性质（*STATE*）和上市年限（*YEAR*）与 *ROA*、*ROE* 和 *ROS* 的相关性并不显著。

表 4-15　环境管理体系与资产报酬率变量间的 Pearson 相关系数

	ROA	*ROE*	*ROS*	*ISO* 14001	*SIZE*	*LEV*	*GROWTH*	*CE*	*CONTROL*
ROA	1								
ROE	0.000	1							
ROS	0.198**	0.000	1						
ISO 14001	0.008	0.007	0.005	1					
SIZE	0.063**	0.004	0.021	0.0197**	1				
LEV	0.000	0.000	0.000	−0.007	−0.015	1			
GROWTH	0.002	0.000	0.115**	−0.014	0.021	0.000	1		
CE	−0.073**	−0.005	−0.074**	0.001	0.069**	0.005	−0.018	1	
CONTROL	0.017	−0.004	0.002	0.035**	0.350**	0.005	0.031**	0.038**	1
NUM	0.021	0.005	−0.006	0.044**	0.303**	−0.025*	−0.013	0.034**	0.111**

续表

	ROA	*ROE*	*ROS*	*ISO* 14001	*SIZE*	*LEV*	*GROWTH*	*CE*	*CONTROL*
STATE	0.013	−0.010	0.000	−0.058**	0.296**	−0.014	0.002	0.158**	0.225**
YEAR	−0.013	0.009	0.012	−0.090**	0.175**	0.014	0.031**	0.083**	−0.085**
	NUM	STATE	YEAR						
NUM	1								
STATE	0.245**	1							
YEAR	0.059**	0.223**	1						

* 表示在 0.05 水平上显著相关，** 表示 在 0.01 水平上显著相关。

接下来计算每个自变量的方差膨胀因子和容忍度，*ISO* 14001 的容差为 0.933，*VIF* 为 1.072；企业规模（*SIZE*）的容差和 *VIF* 分别为 0.712 和 1.405；资产负债率（*LEV*）的容差和 *VIF* 分别为 0.999 和 1.001；营业收入增长率（*GROWTH*）的容差和 *VIF* 分别为 0.997 和 1.003；经营效率（*CE*）的容差和 *VIF* 分别为 0.972 和 1.029；第一大股东持股比例（*CONTROL*）的容差和 *VIF* 分别是 0.825 和 1.212；上市时公司董事会人数（*NUM*）的容差和 *VIF* 是 0.879 和 1.138；股权性质（*STATE*）的容差和 *VIF* 分别为 0.809 和 1.235；上市年限（*YEAR*）的容差和 *VIF* 分别为 0.886 和 1.129。所有解释变量的 *VIF* 值都小于 2，容忍度 Tolerance 值都大于 0.1，因此接下来的多元回归模型不存在多重共线性问题，可以进一步分析。

（二）模型回归结果

接下来的模型回归结果，分别从 *ROA*、*ROE*、*ROS* 三种进行介绍。

1. 第一种：*ROA* 的回归

表 4-16 *ROA* 回归的模型汇总

模型	*R*	R^2	调整 R^2	标准估计的误差
1	0.103[a]	0.011	0.010	3.753916192E1
a. 预测变量：（常量），*YEAR, LEV, GROWTH, NUM, CE, ISO* 14001, *CONTROL, STATE, SIZE*				

表 4-17　*ROA* 回归的 Anovab[b]

模型		平方和	*Df*	均方	*F*	*Sig*.
1	回归	120708.983	9	13412.109	9.518	0.000[a]
	残差	1.119E7	7943	1409.189		
	总计	1.131E7	7952			

a. 预测变量：（常量），*YEAR, LEV, GROWTH, NUM, CE, ISO* 14001*, CONTROL, STATE, SIZE*

b. 因变量：*ROA*

表 4-18　*ROA* 回归的系数 [a]

模型		非标准化系数		标准系数	*T*	*Sig*.
		B	标准误差			
1	（常量）	−33.029	7.558		−4.370	0.000
	ISO 14001	0.662	0.966	0.008	0.685	0.493
	SIZE	2.136	0.374	0.076	5.713	0.000
	LEV	8.666E-5	0.000	0.002	0.200	0.842
	GROWTH	0.000	0.035	0.000	−0.021	0.983
	CE	−15.873	2.332	−0.077	−6.808	0.000
	CONTROL	−0.025	0.030	−0.010	−0.854	0.393
	NUM	0.012	0.240	0.001	0.052	0.959
	STATE	0.805	0.940	0.011	0.857	0.392
	YEAR	−0.168	0.081	−0.025	−2.072	0.038

a. 因变量：*ROA*

　　表 4-16 针对环境绩效与 *ROA* 关系的模型做出回归，调整后的 R^2 值为 0.011，*Sig*. 值是 0.000，小于 0.001，模型有统计学意义，通过 *F* 检验。

　　根据表 4-17 的方差分析结果可以看出，*F* 值达到了 9.518，可以接下来进行进一步的相关性分析。

　　从表 4-18 可以看出，*ISO* 14001 与 *ROA* 的系数为 0.008，成正相关关系，

但 T 的绝对值小于 1.96，并未通过显著性检验（T 的绝对值需在 1.96~2 方可通过显著性检验）。CE、$CONTROL$ 和 $YEAR$ 与总资产报酬率成负相关关系，其余因素均成正相关。但只有 $SIZE$、CE 和 $YEAR$ 的 T 值绝对值大于 2，通过显著性检验。

2. 第二种：ROE 的回归

表 4–19　ROE 回归的模型汇总

模型	R	R^2	调整 R^2	标准估计的误差
1	0.206[a]	0.042	0.041	1.114701165063451E0

a. 预测变量：（常量），$YEAR, LEV, GROWTH, NUM, CE, ISO\ 14001, CONTROL, STATE, SIZE$

表 4–20　ROE 回归的 Anovab[b]

模型		平方和	Df	均方	F	$Sig.$
1	回归	1.430E7	9	1588612.413	38.937	0.000[a]
	残差	3.899E10	7943	4908146.822		
	总计	3.900E10	7952			

a. 预测变量：（常量），$YEAR, LEV, GROWTH, NUM, CE, ISO\ 14001, CONTROL, STATE, SIZE$

b. 因变量：ROE

表 4–21　ROE 回归的系数 [a]

模型		非标准化系数		标准系数	T	$Sig.$
		B	标准误差			
1	（常量）	−213.188	446.029		−0.478	0.633
	$ISO\ 14001$	29.346	57.010	0.006	0.515	0.607
	$SIZE$	7.160	22.061	0.004	0.325	0.746
	LEV	0.000	0.026	0.000	0.009	0.993
	$GROWTH$	−0.018	2.062	0.000	−0.009	0.993
	CE	−57.575	137.606	−0.005	−0.418	0.676

续表

模型		非标准化系数		标准系数	*T*	*Sig.*
		B	标准误差			
1	*CONTROL*	−0.256	1.747	−0.002	−0.147	0.883
	NUM	7.700	14.159	0.007	0.544	0.587
	STATE	−61.094	55.451	−0.014	−1.102	0.271
	YEAR	4.731	4.789	0.012	0.988	0.323
a. 因变量：*ROE*						

在表 4-19 中，调整后的 R^2 值为 0.042，*Sig.* 值为 0.000，小于 0.001，模型有统计学意义，通过 F 检验。根据表 4-20 的方差分析结果可以看出，F 值高达 38.937，可以接下来进行进一步的相关性分析。由表 4-21 可知，*ISO* 14001 与 *ROE* 的系数为 0.006，成正相关关系，T 值为 0.515<1.96，所以未通过显著性检验。*CE*、*CONTROL* 和 *STATE* 与净资产报酬率成负相关关系，其余为正相关。所有变量的 T 值均小于 1.96，所以均未通过显著性检验。

3. 第三种 :*ROS* 的回归

表 4-22　*ROS* 回归的模型汇总

模型	R	R^2	调整 R^2	标准估计的误差
1	0.139[a]	0.019	0.018	4.626748949174355E0
a. 预测变量：（常量），*YEAR, LEV, GROWTH, NUM, CE, ISO* 14001, *CONTROL, STATE, SIZE*。				

表 4-23　*ROS* 回归的 Anovab[b]

模型		平方和	*Df*	均方	*F*	*Sig.*
1	回归	3337.430	9	370.826	17.323	0.000[a]
	残差	170034.259	7943	21.407		
	总计	173371.689	7952			
a. 预测变量：（常量），*YEAR, LEV, GROWTH, NUM, CE, ISO* 14001, *CONTROL, STATE, SIZE*						
b. 因变量：*ROS*						

表 4-24　*ROS* 回归的系数 [a]

模型		非标准化系数		标准系数	*T*	*Sig.*
		B	标准误差			
1	（常量）	−0.264	0.931		−0.283	0.777
	ISO 14001	0.040	0.119	0.004	0.337	0.736
	SIZE	0.089	0.046	0.025	1.927	0.054
	LEV	2.596E−6	0.000	0.001	0.049	0.961
	GROWTH	0.044	0.004	0.113	10.176	0.000
	CE	−1.896	0.287	−0.074	−6.597	0.000
	CONTROL	−0.002	0.004	−0.007	−0.538	0.591
	NUM	−0.028	0.030	−0.011	−0.964	0.335
	STATE	0.052	0.116	0.006	0.451	0.652
	YEAR	0.008	0.010	0.010	0.808	0.419

a. 因变量：*ROS*

在表 4-22 中，调整后的 R^2 值为 0.018，*Sig.* 值为 0.000，小于 0.001，模型有统计学意义，通过 *F* 检验。

根据表 4-23 的方差分析结果可以看出，*F* 值高达 17.323，可以接下来进行进一步的相关性分析。

由表 4-24 可知，*ISO* 14001 与 *ROE* 的系数为 0.004，成正相关关系，*T* 值为 0.337<1.96，所以未通过显著性检验。*CE*、*CONTROL* 和 *NUM* 与利润率成负相关关系，其余为正相关。通过显著性检验的是 *GROWTH* 和 *CE*，其 *T* 值分别为 10.176 和 −6.597。

可见，以上三个模型的拟合优度都不高，最高的仅 0.041。从回归结果看，虽然三个环境绩效与经济绩效的回归系数均大于 0，但都没有通过显著性检验，三个模型中，*ISO* 14001 与 *ROA*、*ROE*、*ROS* 均不显著，说明以 *ISO* 14001 代表环境绩效时，环境绩效无法促进企业资产报酬率的增加，故假设未通过验证。

五、本节结论

环境管理体系认证不能够促进企业提高资产报酬率，虽有大量国内外学者证实以其他变量代理的环境绩效能够促进经济绩效，或者 ISO 14001 认证能够提升股价、促进出口额、促进营业收入的增加，但是本节以 ISO 代表环境绩效、以 *ROA*、*ROE*、*ROS* 代表经济绩效时，并未得到相同的结论。究其原因，一是因为环境管理体系认证是企业自主认证，非强制性认证，再加上企业通过认证后不一定积极进行这方面的宣传，故而市场无法得知企业的环境管理体系认证情况是否能够促进营业收入或利润的增加；二是我国的环境管理仍处于初级阶段，施行环境管理体系认证究竟是降低了成本还是造成企业管理冗余仍不确定，故而无法传导到企业的利润层面；三是企业拿到证书后或者没有真正落实，或者虽能增加企业的环境管理水平，但对企业财务绩效来讲是一个经济负担。国家相关部门应做好重污染企业的环境管理体系建设推广工作。环境管理的职责不应该仅仅局限于企业高层管理人员，更应该通过培训宣传活动渗透到企业的下级各层，丰富全体员工的环境管理理论知识，强化其环境保护责任心；企业的领导人要将环境管理这一理念纳入企业发展战略，给予技术、人力与资金支持，提供必要的设施装备，为企业开展绿色创新研究提供支持；加强区县及以下级别控股企业的环境管理水平，让 ISO 14001 认证能够发挥自己真正的效用。

第五章　管理体系认证与企业创新

企业创新是企业管理的一项重要内容，在公司决定发展方向、发展规模、发展速度上起到关键性的作用。从公司的管理具体到业务的运行，企业的创新渗透到每一个部门、每一个细节中。企业创新涉及组织创新、技术创新、管理创新、战略创新等方面的问题，而且，各个方面的问题并不能仅仅只考虑某一方面的创新，而是要全面地去考虑整个企业的发展，因为各方面创新之间具有非常强的关联性。

国内外的企业都非常重视创新这一环节，都希望在创新的基础上寻求突破，提高企业在市场中的影响力。在企业创新这一方面我们着重来看一下国内的现状。据 2016 年发布的调查报告显示：首先，企业创新进步较为明显。根据调查结果来看，参与调查的企业中，有 37.3% 的企业拥有高新技术企业认定证书，并有 26.8% 的企业位于高新技术园区中；有 58% 的企业在内部设置了研发机构，并有 3% 的企业在海外创立了研发机构；有 55.2% 的企业在 13~15 年内获得过国内专利，并有 7.1% 的企业在 13~15 年内获得过国际专利。调查表明，目前我国企业创新发展的总体基本指标较好。其次，企业创新投入持续增长。创新投入是取得创新成果的前提和保障，而新产品销售收入则可以反映企业的创新成果。此次调查了解了企业研发人员、研发投入等创新投入占比，以及新产品销售收入占比的情况。据调查结果显示，企业研发人员占员工总数的比重为 10.2%，研发投入占年销售额的比重为 6.7%，而新产品销售占销售总额的比重为 24.1%。从不同地区的角度来看，东部地区的这三项占比均高于中西部地区企业，这表明东部地区企业在创新投入和创新产出方面占据一定优势。最后，企业自主研发能力提升较快。在对比了 2000 年和 2014 年的调查结果后发现，企业采用各类新产品开发方式的比重几近相同：排在第一位的是"企业内部开发",接下来的排名依次是"与国内高校院所合作开发""与国内企业合作开发""国内引进""国外引进""与国外企业合作开发""购买国内研究机构成果"和"与国外高校院所合作开发"。调查表明,我国企业开发新产品的方式主要是自主研发和依托国内力量进行研发这两项,而国外引进与合作仅仅是作为一种辅助的方式。具体来看,一方面以企业内部开发为主要新产品开发方式的企业占比从 2000 年的 48.9% 大幅上升至 2014 年的 84.1%,这表明企业自主研发能力在过去的年份时间里得到了快速提升;另一方面企业对其他几种与国内机构合作研发方式的重视程度也大幅提升,这表明支持企业创新的国内高校院所、技术交易市场和企业间合作研发机制在某种程度上也取得了明显进步。那么管理体系认证能否倒逼企业创新呢? 这是本章要重点研究的问题。

第一节　环境管理体系认证与创新绩效

近些年来,越来越多的企业在自身发展的同时更加注重环境问题,而国际对于 ISO 14001 环境管理体系认证的愈发看重,ISO 14001 认证给企业带来的利益也促使企业纷纷开始努力地通过这项认证。我们先了解一下 ISO 14001 环境体系产生的大背景: 全球气候变暖,生态环境破坏严重,环境的这些变化无时无刻不在给人类敲响警钟,与此同时,人类对环境的危机意识也在逐渐增强。1972 年 6 月 5 日,联合国第一次环境大会在斯德哥尔摩召开,大会通过了《人类环境宣言》和《人类环境行动计划》,同时成立了联合国环境规划署。此次会议召开之后,治理环境的行动越来越多,联合国环境机构召开了一系列的相关会议并制定、签订了许多公约、协定。随着社会各界环境意识的增强以及各国政府对环境管理工作的加强,许多企业主动开始寻找环境管理的方法,改善环境绩效。到了 20 世纪 80 年代,世界各国已经积攒出了很多环境管理的经验。1996 年,ISO 首次颁布了与环境管理体系及其审核有关的 5 个标准,到 1999 年年底,通过 ISO 14001 标准认证的企业已超过 1 万家。

具体到我国来看,我国政府对待环境问题也十分重视,上述 ISO 颁布的 5

个标准均已等同转化为我国标准，它们分别是：

GB/T 24001—1996 idt ISO 14001 环境管理体系 要求及使用指南；

GB/T 24004—1996 idt ISO 14004 环境管理体系 原则、体系和支持技术通用指南；

GB/T 24010—1996 idt ISO 14010 环境审核指南 通用原则；

GB/T 24011—1996 idt ISO 14011 环境审核指南 审核程序 环境管理体系审核；

GB/T 24012—1996 idt ISO 14012 环境审核指南 环境审核员资格要求。

其中，ISO 14001 是这一系列标准的核心，它不仅是建立环境管理体系和对环境管理体系进行审核或评审的依据，也是制定 ISO 14000 系列其他标准的依据。

通过认证的企业不仅可以获得国际贸易的通行证，且有助于提高企业整体的环境管理水平，还有助于企业控制污染、预防污染、降低成本等，这些都会增加企业在市场上的影响力，树立良好的形象，增强企业的竞争力。而企业若想长久发展下去，创新也是重要的因素之一，企业只有不断创新以适应千变万化的市场才能在激烈的市场竞争中占有一席之地。既然 ISO 14001 环境管理体系认证和创新都能促进企业的发展、提高企业的影响力，那么二者之间是否存在关联性呢？本节在此基础上展开讨论，研究二者之间的关系，得出结论后提出相关的意见和建议，为与此问题相关的研究贡献一份力量。

一、文献回顾

首先我们要考虑的是企业为什么要通过 ISO 14001 认证，即它的认证动机是什么。Amit（2007）发现由于质量和环境阶梯的存在，发展中国家低端产品有竞争力，但高端产品因质量和环境障碍难以对美国产品造成威胁，因为国际上对于环境管理比较重视。Khanna 等（2007）发现上市公司更愿意申请各类标准认证以应对各方利益相关者的压力，增加股东信心，比如环境管理体系认证就会增强股东在环境方面的信心。Arya 和 Zhang（2009）通过对南非上市公司研究发现，明星企业通过 ISO 14001 的动力更大，明星企业以此来提升自己的企业形象，继续提高自己在市场上的影响力，而且为了不想被其他企业超过，动力会更足，会加大对这方面的投入。在法律法规方面，Delmas 和 Toffel（2004）认为企业或者受法律法规的规制，或者受政府补贴的诱导，为了遵守国家的法律法规，企业不得不去努力通过认证，并且得知政府会在这个过程中给予补贴，无形中也增加了企业的动力。Wiengartin 等（2013）却持有不同意见：对比北美和西欧的企业发现，ISO 14000 更多是基于降低上下游企业环境风险的考虑，而非法律规制的影响，通过认证可以更加促进企业内部的环境管理水平，对企业发展大有益处，所以企业为了降低自己的环境风险会主动地研究如何通过认证。Johnstone 和 Labonne（2009）发现企业可持续发展认证能够减少政府检查频率，换句话说，相当于给企业发了一张"绿色通行证"在某些方面政府会默认企业符合标准，获得政府的信任。除了企业内部的影响外，Qi 等（2011）发现，外部压力特别是来自本国消费者和外国消费者的压力，对企业 ISO 14001 认证有显著正向影响，消费者更加愿意去购买环保系数更高的产品，而对于污染较严重的产品往往会视而不见。

从国际范围来看，环境管理认证体系占有非常重要的位置，能够增加企业的国际影响力。Prakash 和 Potoski（2006）研究发现出口主导型企业更看重自身的环保价值和社会标准，通过国际标准认证作为可见信号以吸引潜在国外客户，国外客户在不了解企业的情况下，看到企业通过了标准认证，会认为企业在环保方面是非常可靠的，会吸引潜在国外客户进行国际贸易。比如 Nishitani（2009）在通过研究后发现日本公司通过 ISO 14001 的重要动机是进行国际贸易，取得 ISO 14001 环境管理体系认证是现代化企业进入国际市场不可缺少的条件，所以企业为了可以进行国际贸易，通过认证就成了它们必须达到的目的。进行国际贸易后，就可能会在国际市场上立足，Lee（2005）发现马来西亚公司通过 ISO 14000 后更容易进入国际市场，国内和国外市场份额均有所增加。而现在很多的购买方都要求供应方可以提供环境管理体系认证的证书，Miles（1997）发现国际购买方要求发展中国家的供应方提供 ISO 14000 证明，规避可能出现的诉讼和环境风险，同时 Nishitani（2009）也发现美国汽车产业普遍要求其海外供应商必须通过 ISO 14001 认证，可见 ISO 14001 在国际上的重视程度非同一般。ISO 14001 认证在某种程度上可以提高企业的财务绩效。Martín-pena 等（2014）将 ISO 认证视为无形资产，认为其可以提升品牌价值。Hamilton 等（2006）证实环保活动和环保宣传有助于增加顾客访问量，提升销售业绩 Arend（2014）发现注重绿色政策的企业，销售额和销售回报率等更高，上述三者的研究都证明了这一点。Salo（2008）关注到了另外的方面，认为在机构投资者越来越关注投资风险和投资机会的背景下，非财务性环境信息会使投资者将眼光更加关注到环境领域，成为投资者判断资本市场风险和预测盈利可能性的载体之一。我们再从其他的方面来看 ISO 14001 对企业的影响，Hasan 和 Chan（2014）发现 ISO 14000 有助于国际市场的制造型企业减少浪费、降低成本、提升环境效果和产品质量，让企业可以走可持续发展的道路，同时还可以改善企业声誉。Manisara（2014）也有相似的见解，她发现泰国实施 ISO 14000 的企业可以获得更大的组织信任，提升企业形象。Rout 等（2013）认为 ISO 认证代表了现代化管理方式，能够增强实效性、品牌价值和产品质量，稳定市场地位，增强企业在全球市场的竞争力。

Aragon-Correa 等（2003）从理论上探讨了如何通过改善企业内部的生产和运营过程提高环境绩效，进而增加企业竞争力，而 Porter 等（2006）指出，随着环境相关法律、法规的完善和执行力度的加强，污染型企业不得不通过专门的环境运营体系来提高环境绩效，以规避潜在危机，毕竟认证体系是在考虑多方面的因素下推行实施的，它必然会给企业带来积极的影响。Jayashree 等（2015）指出马来西亚的制造型企业将 ISO 14000 看作一项成本，其收益是带来了更大的环境性能和可持续性，这是比较合理的一种看法，环境管理体系认证所带来的效益不能从短期角度来看，要从企业长期发展的角度去看待。同时 Picazo 等（2014）认为环保技术的提升可以有效增加生态效率，改善环境绩效，同时也会给企业带来益处。Singh 等（2014）认为，可持续的绿色生态网络可以提高资源利用率和劳动生产率，减少污染、节省费用，并且在今后的企业发展中始终都是受益的。Delmas 和 Toffel（2004）认为企业通过各项管理系统认证以改善可持续发展水平，环保是非常重要的一方面。Ejdys 和 Matuszak-Flejszman（2010）指出企业实现可持续发展目标的战略之一是进行国际标准化管理体系认证，ISO 14001 环境管理体系以预防污染为主要考虑因素，强调与法律、法规的一致性，对组织的环境行为进行有针对性的改善，使企业走上可持续发展的道路，获将经济效益和生态效益双丰收。

从创新的角度来看，Amayo-Torres 等（2014）认为认证可以通过四个途径来促进企业有效学习和动态能力的发展，分别是认证参与、定性组合、定量扩展、时间积累。在参与过程中企业就会搜集相关资料并进行学习，随着时间的积累，企业会越来越有经验。除此之外，Okrepilov（2013）将标准化视为企业创新的重要工具，究其原因可能是因为企业在向标准化靠拢的过程中会不断提升自己的技术，不断创新。

我国虽然在环境管理体系认证的起步比较晚，却在企业中也起到了非常重要的作用。东昱明（2004）曾提到了此项认证对我国的企业的影响包括提升企业形象，提高企业知名度和影响力，增加企业的链式效应。所谓链式效应就是指购买方对供货方提出要提供认证证明，第二年又会对其他的供应商提出相同的要求，如此一来就会使各级的供应商或其他关联方加入认证的行列当中。同时可以改进产品的环境性能，促进企业的技术进步，最重要的一点是可以帮助企业节能降耗，合理地利用资源，避免资源浪费。鉴于环境管理体系认证的作用，再来探讨一下开展此项认证的必要性和可行性，游晓文等（2005）认为开展 ISO 14001 环境管理体系认证可以消除贸易壁垒，提升企业在国际上的影响力等；而如果企业拥有良好的环境管理基础和有关于环保方面的专业人员，同时员工们的环保意识又很强烈，那么通过认证的可能性就会大大增强。在国际市场方面，耿建新（2006）也发现 ISO 14001 类似于发达国家给发展中国家设置的非关税贸易壁垒，通过认证可以帮助企业取得跨国经营的绿色通行证，拓展市场，在国际上得到认证。再将视野转向企业价值方面，王立彦和林小池（2006）通过研究发现通过环境管理体系认证会提高企业的销售业绩，同时还会使企业的股东权益增加。再从股价方面来看对企业价值的影响，王立彦和袁颖（2004）使用我国股票市场的数据，通过研究上市公司 ISO 认证公告日前后回报率的变化发现，在认证公告日当天公司股票会产生一个正的超额回报。这证明了 ISO 认证是能够对公司的股票价格产生影响的。但是通过数据来看，影响的效果并不是很大，股票市场对于 ISO 认证的反应程度并不强。环境管理体系认证的影响除了体现在企业价值方面，在创新方面也有一定的促进作用，据《中国质量报》报道，认证对创维公司的创新起到了积极作用，认证不仅在企业产品质量、管理水平的提升方面发挥了重要作用，而且在促进产品设计自主创新，企业的产品安全上也发挥了重要作用。认证的开展促进了创维公司的技术创新，通过提升电源设计、改进模组设计等创新技术后，创维公司的所有彩电产品均能符合节能产品的要求，实现清洁生产、节约能源，并研发出低能耗、低辐射、高性能的产品。

二、研究假说

企业遇到的环境问题大致可以分为两种：资源浪费和污染物排放过多。而要想提高资源的利用率和减少污染物的排放就要改善企业环境管理的方法，有人曾提出通过环境管理认证的企业会加大对创新的投入，同时创新产出也会增加。以减少污染物的排放量而言，技术创新是不可缺少的一个环节，只有不断地进行技术创新才能从根本上缓解这个问题，并且对污染物进行净化处理也同样离不开技术的支持。企业在通过环境管理认证后，就会更加注重环境方面的问题，增强了企业对于环境改善的责任心。为了能更好地对保护环境做出贡献，企业就要不断地去改善环境管理的技术流程。在这个过程中就有可能会获得专利或者发明一些新的事物，同时会伴随着研发投入。

故本节提出假说：环境管理体系认证与创新投入和创新产出成正相关关系。

三、研究设计

（一）样本与数据来源

本书以我国 2004—2015 年沪市、深市重污染企业数据为基础样本数据进行研究，环境管理体系认证数据来源于认证认可业务信息统一查询平台网站，专利和研发数据来自 CSMAR 数据库的公司研究的创新部分，其他公司治理数据和财务相关数据来自 CSMAR 数据库。CSMAR 数据库对专利和研发的最新数据更新到 2015 年。剔除其他数据缺失的样本，剔除 ST、*ST 暂停上市、退市的企业样本，最终得到 6592 个观测值。

（二）模型设定和变量定义

为了检验本节所作的假设，建立如下数学模型：

专利：$Y_1 = a_0 + a_1X_1 + a_2X_2 + a_3X_3 + a_4X_4 + a_5X_5 + \varepsilon$ （1）

发明：$Y_2 = a_0 + a_1X_1 + a_2X_2 + a_3X_3 + a_4X_4 + a_5X_5 + \varepsilon$ （2）

研发投入：$Y_3 = a_0 + a_1X_1 + a_2X_2 + a_3X_3 + a_4X_4 + a_5X_5 + \varepsilon$ （3）

其中，a_0 为与诸因素无关的常数项，$a_1 \sim a_5$ 为回归系数，ε 代表随机变量。

本节的被解释变量是创新，共使用三个指标来表示创新水平。其中，创新产出包括专利获得授权数量、发明获得授权数量；创新投入是企业当年的研发投入。专利数量、发明数量作为企业创新产出的指标，专利获得授权数量来自 CSMAR 数据库中的公司研究系列的创新数据库，中国知识产权局公布的专利类型包括三类：发明、外观设计和实用新型。CSMAR 数据库中专利数据包括了这三种专利，由于专利是测度公司创新产出的指标，且发明为主要的专利类型，因此选用专利、发明获得授权的自然对数进行度量。研发投入作为企业创新投入的指标，相关数据来自 CSMAR 数据库中公司研究系列的创新数据库，为避免样本选择性偏误的问题，若当年研发投入为缺失值则替换为 0。

解释变量为 ISO 14001，代表企业是否通过环境管理体系认证，是虚拟变量。如果该企业在 t 年通过了该体系认证，则该变量赋值为 1，否则为 0。

为了控制其他指标变量可能对模型效果检验的影响，且参照以往相关文献，本节选取以下几个指标作为控制变量：

企业规模用年末总资产的自然对数来衡量。Foster（1986）曾表示，在关于研究公司披露情况差异的结论中，企业规模的显著性水平是最为一致的，即规模越大的公司，通常情况下披露的信息会越多。

净资产收益是衡量上市公司盈利能力的重要指标，它的计算公式为税后利润/所有者权益。

上市年限为研究年份减去上市年份。

资产负债率是用来衡量一个企业偿债能力的指标，它的计算公式为总负债/总资产（见表5-1）。

表 5-1　环境管理体系认证与创新绩效变量定义表

变量类型	变量名称	变量定义	变量符号
被解释变量	专利	专利获得授权总量加 1 后的对数值	Y_1
	发明	发明获得授权总量加 1 后的对数值	Y_2
	研发投入	企业研发投入 / 总资产	Y_3
解释变量	环境管理体系认证	企业当年通过认证或认证在有效期取值为 1，否则为 0	X_1
控制变量	企业规模	年末总资产的对数值	X_2
	净资产收益率	税后利润 / 所有者权益	X_3
	上市年限	研究年份减上市年份	X_4
	资产负债率	总负债 / 总资产	X_5

四、实证分析

（一）描述性统计和相关性分析

表 5-2　环境管理体系与创新绩效描述性统计结果

	N	极小值	极大值	均值	标准差
专利	6592	0	9	1.89	1.519
发明	6592	0	8	1.31	1.303
研发投入	6592	0	6557	2.69	122.440
环境管理体系认证	6592	0	1	0.32	0.467
企业规模	6592	12.314	29	21.85	1.947
净资产收益率	6592	−16.74	759	−0.21	31.904
上市年限	6592	0	25	8.90	5.547
资产负债率	6592	0.007	2293	0.86	28.273

　　经过对各变量指标 2004—2015 年 12 年的数据进行描述性统计分析后，结果如表 5-2 所示。上市年限的极小值和极大值分别为 0 和 25，平均值为

8.90，说明我们选取的样本数据比较均衡；专利极大值为 9，极小值为 0，说明企业在获得专利的数量上差距是比较大的，均值为 1.89 说明企业平均专利水平是比较低的。同理，从发明的数据来看企业平均取得的发明数量也是比较少的。研发投入的极大值为 6557，极小值为 0，平均数为 2.69，说明各个企业在研发投入上差距非常大，标准差为 122.440 也更加说明了差距十分明显。前面说过若企业通过了环境管理体系认证则赋值为 1，未通过则赋值为 0，表 5-2 中这项数据的均值为 0.32，可以看出通过这项认证的企业数量还是比较少的。净资产收益率、资产负债率的标准差分别为 31.904 和 28.273，说明各样本上市公司在偿债能力、盈利能力上差异比较大。净资产收益率的极小值为 −16.74，平均值为 −0.21，说明有一些样本公司盈利能力不是很好。企业规模的标准差显示为 1.947，反映出各上市公司在企业规模方面存在的差异较大。

表 5-3　环境管理体系与创新绩效变量间的 Pearson 相关系数

	专利	发明	研发投入	环境管理体系认证	企业规模	净资产收益率	上市年限	资产负债率
专利								
发明	0.864**							
研发投入	−0.012	−0.013						
环境管理体系认证	0.215**	0.207**	0.015					
企业规模	0.293**	0.283**	−0.006	0.143**				
净资产收益率	0.000	0.008	0.000	0.005	0.012			
上市年限	−0.004	0.019	−0.015	−0.104**	0.139**	−0.012		
资产负债率	−0.006	−0.014	0.000	−0.010	−0.030*	−0.938**	0.016	

** 表示在 0.01 水平上显著相关，* 表示在 0.05 水平上显著相关。

将前文中提到的变量分别进行 Pearson 相关性分析后得到表 5-3。从表中可以看出，环境管理体系认证分别与专利和发明在 0.01 水平上显著相关。从相关系数上来看，环境管理体系认证与专利的相关系数为 0.215，与发明的相关系数为 0.207，表明环境管理体系认证与二者均有弱相关关系，且与专利的相关性强于发明的相关性，方向与预估一致。

参照以往文献需要检测变量间可能存在的多重共线性问题，只有排除变量间的多重共线性，才能对模型进行有效的多元回归分析，本节统计了每个自变量的方差膨胀因子和容忍度，主要变量间的多重共线性检验结果如表 5-4 所示。检验结果表明，所有解释变量的方差膨胀因子 *VIF* 值都小于 2，容忍度 *Tolerance* 值都大于 0.1，因此接下来的多元回归模型不存在多重共线性问题，可以进一步分析。

表 5-4　环境管理体系认证与创新绩效解释变量在各模型中的最大 *VIF* 和最小 *Tolerance* 值

变量	方差膨胀因子 *VIF*	容忍度 *Tolerance*
环境管理体系认证	1.038	0.964
企业规模	1.050	0.952
净资产收益率	1.346	0.420
上市年限	1.037	0.964
资产负债率	1.355	0.320

（二）模型回归结果

将面板数据经过 stata 软件对三个模型进行回归分析后，得到如下分析结果，如表 5-5 所示。

表 5-5　环境管理体系认证与创新绩效模型回归结果

	（1）	（2）	（3）
	专利	发明	研发投入
环境管理体系认证	0.564***	0.474***	4.350*
	（14.23）	（13.48）	（1.78）
企业规模	0.211***	0.173***	−0.0968
	（9.50）	（8.81）	（−1.53）

续表

	（1）	（2）	（3）
	专利	发明	研发投入
净资产收益率	−0.000586	−0.0000891	−0.00816
	（−1.15）	（−0.25）	（−1.41）
上市年限	−0.00656*	0.0000697	−0.373*
	（−1.90）	（0.02）	（−1.82）
资产负债率	−0.000398	−0.000303	−0.0103
	（−0.69）	（−0.74）	（−1.48）
常数	−2.854***	−2.622***	−9.531*
	（−6.02）	（−6.28）	（−1.79）
N	6592	6592	6592
adj. R^2	0.316	0.308	0.108

t statistics in parentheses
* P < 0.10, ** P < 0.05, *** P < 0.01

表 5-5 的回归结果表明，以专利或发明为被解释变量时，环境管理体系认证的回归系数均在 1% 的水平上显著为正，以研发投入为被解释变量的回归方程中，环境管理体系认证的回归系数在 10% 的水平上显著为正。这表明，无论从企业创新投入还是创新产出来看，环境管理体系认证都会促进企业的创新水平。这可能是因为企业在通过环境体系认证后，会更加注重企业内部的环境管理体系，为了保持环境水平会购买一些与环境保护相关的机器设备，同时在技术上进行改善。

从控制变量来看，企业上市年限与创新投入和产出成负相关的关系，表明新上市企业创新动力更足，企业处于不同的发展阶段有不同的创新表现；资产负债率较高的企业，创新水平越低，这可能与债权人的激励有关：债权人极少会从企业的高风险高收益活动中获取利益，他们更加注重企业安全，以保证按时收回稳定的利息和本金，这个目标与高风险的创新活动显然是背道而驰的；净资产收益率越高的企业，创新水平越低，这可能是由于创新活动本身是一个周期长、见效慢的项目，在短期获益的可能性不是很大，如果企业有可行的在短期内获益的项目，就没有动力去进行长期的研发投入；企业规模与专利、发明在 1% 的水平上显著相关为正，表明企业规模越大，专利水平和发明水平就越高，但是企业规模却与研发投入成负相关，这可能是由于规模大的企业进行决策的流程比较复杂，对进行研发投入的决策效率比规模小的企业低。以上各控制变量的回归系数符号基本与预期一致，拟合优度为 30% 左右，证明拟合程度还是不错的。

由上可知，企业通过环境管理体系认证会增加企业的创新投入和创新产出，且在统计意义和经济意义上均有较高的显著水平，假设得到验证。

五、本节结论

环境管理体系认证能够促进企业创新，使企业更加积极地投入研发资金，专利和发明的产出也有明显提升，说明环境管理体系认证与创新投入和创新产出成正相关关系，究其原因，可能是因为：首先，想要通过环境管理体系认证并不是一件容易的事情，硬件和软件都要过关，所以在努力通过认证的过程中，企业就会加大研发投入，购买一些更好的设备；同时也在技术环节上加大投入力度，不断创新以完善企业内部的环境管理体系。其次，在通过了环境管理体系认证后，企业对环境管理这方面会更加重视，不断寻找方法来提高资源利用率和减少污染物的排放，这样不仅可以提高环境管理水平和污染预防能力，同时还可以降低环保风险。若要达到上述目的，研发投入是必不可少的。通过查阅资料发现，一些企业几乎每年都会购入一些比较环保的机器设备。最后，企业在找到技术上可以改善的地方后，就会寻找方法来进行优化，当这个方法可行并且效果非常显著时，就极有可能为这种方法申请专利，所以可能会使专利和发明的产出数量有所提升。除此之外，创新本身就可以促进企业发展，提升其在市场上的影响力。企业若想长久地发展下去，就要不断地在技术、管理模式等方面不断创新，这一点也是不能忽视的。

国家相关部门应做好重污染企业的环境管理体系建设推广工作，使企业了解到 ISO 14001 环境管理体系对改善环境的重要性，可以有针对性地改善组织的环境行为，确保经济发展与环境保护可以同步进行，走可持续发展的道路。

在企业中实施 ISO 14001 环境管理体系有着重要意义。加强对企业环境管理的监督，切实落实认证的效果，仅有推广工作还不行，更要将环境管理体系认证落实到实践中去。加大监督力度，使企业更加注重环境管理问题并落实到工作中去，只有这样才能达到环境保护的目的。强调环境保护问题要落实到个人，企业若要做到安全环保，就需要企业和个人共同承担起责任，将安全环保落到实处。如果每一位员工在企业的安全环保方面都能前进一小步，那么企业的安全环保建设就能进步一大步。

第二节　职业健康安全管理体系认证与创新绩效

习近平总书记在中国共产党第十九次全国代表大会中指出，我国经济已由高速增长阶段转向高质量发展阶段，发展必须是科学发展，坚定实施创新驱动发展战略，而发展的关键离不开有活力的微观主体。员工作为企业最核心的劳动单元，其与企业的劳动关系管理成为企业管理重要的环节，好的劳动关系能够激发劳模精神和工匠精神，建设出知识型、技能型、创新型劳动者和敬业的劳动风气。企业与员工的劳动关系中，首先需要满足的基本条件就是职工的职业健康和职业安全，伤亡事故和职业病患是击破员工职业幸福感的首层防线，不仅会影响企业的发展，还会给国家经济建设和社会稳定带来巨大损害。另外，随着我国贸易新业态新模式的拓展和贸易强国的建设，企业未来会面临更多职业健康安全的要求与挑战，职业健康管理体系认证成为继环境管理体系认证后，组织"走出去"面临的又一个国际贸易壁垒，通过实施 OHSAS 18001 认证，出口型企业可以更有效地系统化、规范化管理劳动关系，降低职工职业健康风险，并借此突破非关税出口障碍，形成面向全球的贸易和生产服务网络，加强国际竞争新优势。

理论上讲，积极的方面是职业健康安全管理体系认证可能会促进企业的创新效率：其一，从认证本身来看，职业健康安全管理体系认证是一项国际公认的劳动保护措施，通过进行该认证、建立劳动保护体系，可以减少对职工的伤害和企业损失，提高监管质量（Rajkovic 等，2015），带来狭义的社会公平，如社会公正和执行效率（Geibler，2006），为企业进行创新活动提供稳定的企业环境。其二，从认证带来的经济后果来看，进行职业健康安全管理体系认证增加了企业的劳动成本，高解雇成本将促使企业提高科技水平，提高劳动生产率（Koeniger，2015），人工成本的上升是我国企业进行创新研发、技术进步的动力（李钢等，2009），企业的创新能力会随着劳动力成本的上升而上升（林炜等，2013），带来企业转型升级。其三，从长期来看，职业健康安全管理体系认证明显增强了企业的劳动保护，提升企业员工的稳定性和忠诚度，员工也会更好地投入到有利于企业长远发展的创新研发项目中，而且增强劳动保护能够增加企业的研发投入，促进创新产出（倪骁燃等，2016）。消极的方面是职业健康安全管理体系认证可能会阻碍企业的创新投入：企业如果仅为了形式主义，未将管理体系真实"落地"，那么通过的职业健康安全管理体系认证就流于象征性缺乏实质价值，如果 OHSAS 18001 无法与企业原有的管理体系有效融合，会增加组织复杂性、认证成本和运营成本，导致企业僵化的管理，无法提高其可持续发展能力（Boiral，2011），企业在无法看到经济效益或效率提升时，没有动力全力实施这些标准（Prajogo 等，2012）。另外，劳动保护会提高企业用工的调整成本，一定程度上损害其经营弹性，导致企业经营弹性的下降（廖冠民等，2014），继而影响企业的投资决策，且企业研发投入需要极大的资金成本和时间成本，周期一般都比较长，初期和中期回报尚不明确，风险较高，职业健康安全管理体系认证给组织带来的劳动成本增加无法为企业带来创新投资动力。作为职工友好型关系管理的催化剂，本节研究职业健康安全管理体系认证对企业创新效率的激励作用和影响路径，能够为企业进行经营决策，提高企业劳动保护和创新能力提供理论指引。

　　鉴于以上理论分析的不同预期，中国特色社会主义市场经济体制下，职业健康安全管理体系认证究竟是否能够促进企业创新，是需要通过实证检验来回答的问题。本书以我国 2011—2015 年沪市、深市 A 股上市公司数据为基础实证检验企业通过职业健康安全管理体系认证对企业创新力的影响并讨论二者的内在反馈路径。一方面从企业自身出发，分析政治关联是否会对职业健康安全管理体系认证对企业创新力有所影响；另一方面关注职业健康安全管理体系认证本身的差异，即从企业认证覆盖人数的比例高低分析职业健康安全管理体系认证对企业创新力的影响。并通过代理被解释变量、更换检验期间、制造业子样本三个角度对主要实证结果进行稳健性检验。这部分以我国 2011—2015 年沪市、深市 A 股上市公司数据为样本，实证研究职业健康安全管理体系认证对企业创新力的影响，并分别从企业自身特征和认证属性的差异两方面讨论认证与创新的内在反馈路径。研究发现：企业通过职业健康安全管理体系认证能够有效促进创新投入和创新产出。进一步考虑企业属性和认证差异的分析表明，职业健康安全管理体系认证对创新效率的激励在无政治关联的企业和认证覆盖人数占比总人数比例高的企业更为显著。

可能的创新和贡献体现在三个方面：（1）本书丰富了国内职业健康安全管理体系认证的经济后果研究，我国目前基于劳动保护对于微观企业行为的研究大多基于 2008 年新的《劳动合同法》进行，尚无职业健康安全管理体系认证的研究。如刘媛媛等（2014）以《劳动合同法》的实施为契机实证分析了我国 A 股制造业上市公司一年的人工成本黏性变化，发现劳动保护加剧了企业的人工成本黏性；黄平（2012）研究发现新的《劳动法》实施后，解雇成本的提高导致劳动密集型企业降低了扩张速度，缩小了员工规模，知识密集型企业则加速扩张，林炜（2013）借助内生增长模型和知识生产函数分析了劳动力成本上升对企业创新能力的影响，发现企业的创新能力随着劳动力成本的上升而上升；倪骁燃、朱玉杰（2016）在此基础上研究发现增强劳动保护能够增加企业的研发投入，促进企业创新。与以往文献不同，本节对职业健康安全管理体系所带来的创新投入与产出进行实证研究，不仅丰富了我国劳动保护的经济影响研究，也为评价我国劳动保护制度提供了新的维度。（2）本节从企业创新的角度研究宏观经济政策与微观企业行为的作用，目前国内对于职业健康安全管理体系认证的研究大多是基于政策性和制度性进行的，对框架结构和理念模式的分析较多，对经济后果的研究较少，更鲜有文献从企业政治关联的角度研究职业健康安全管理体系认证对企业创新的影响，本节的研究丰富了激励企业创新的相关文献，为企业创新驱动的运行规律和形成机制提供了可参考的实证证据。（3）职业健康安全管理体系认证作为我国劳动保护增强的一个重要标志，研究职业健康安全管理体系认证对企业创新效率的激励作用和影响路径，能够为企业进行经营决策、提高劳动保护和创新能力提供理论指引，为企业提高创新力提供新的途径，鼓励企业积极进行职业健康安全管理体系认证，对于企业抓住和用好我国发展的重要战略机遇期、科学管理决策、提高企业核心竞争力、促进经济长期安全平稳较快发展具有重要的参考价值。

一、文献回顾

理想市场经济条件下，劳动力资源在系统中自主分配，组织雇用多少劳动力资源以及为劳动力资源提供多少薪酬，都是在利益最大化的背景下进行分配的。当单位劳动力创造的边际效益与其获取的报酬相等时，形成组织所需的最佳劳动力资源规模。然而事实上，组织雇用或解雇劳动力都会有成本，且这种成本不仅包括经济成本，同样整个劳动力系统并非自由流动，常出现干扰和冲突。Oi 早在 1962 年便指出，根据劳动保护的理论模型分析，作为以利益最大化为目标的组织，其是否解雇职员取决于职员的劳动投入产出率与组织付出的工资孰高孰低；但是为劳动力资源提供保护会增加组织需支付的解雇费用，组织解聘员工的可能性降低。即便同类型企业，其业务也存在异质性，组织从寻找能力匹配的职员开始，便需在整个市场投入相当的经济成本和时间成本，雇用到职员后，还需进行长时间的业务匹配和业务能力培养，若解雇职员，需要支付经济及其他相关赔偿，劳动保护会使该赔偿成本进一步增加，这些可能诱导组织选择对员工不利的战略，以尽量靠拢利益最大化原则。Botero 等（2004）指出，劳动力系统如果缺乏政府的引导和干预，会出现很多不公正现象和低效能弊端（如选择性歧视、工资过低、随意解雇、保险不健全等），这些都是系统失灵的表现，需要政府有效地疏导。虽 OHSAS 18001 并非强制认证，但积极推行职业健康安全管理体系认证是政府干预的表现形式。

以往对于政府加强劳动保护经济后果的研究，由于时间背景的不同出现了一些分歧，一些研究者认为劳动保护会带来事与愿违的经济后果，Atanassov 和 Kim（2009）的跨国研究发现，劳动保护可能会给公司治理带来负面影响。Bird 和 Knopf（2009）研究发现美国各州《反不当解雇法》系列出台后，这些劳动法的执行会为劳动力的调整带来外生冲击，进而增加组织需支付的成本，降低组织获利水平。廖冠民、陈燕（2014）基于中国新的《劳动合同法》及各地区的法律执行效率差异发现，劳动保护会提高企业用工的调整成本，从而损害其经营弹性，劳动保护的加强会导致企业经营弹性的下降。但是从长期来看，劳动保护的增强对于企业经济后果会产生积极的影响，丁守海（2010）证实，新的《劳动合同法》的实施通过强化最低工资管制进而影响劳动者就业的路径，李钢等（2009）在企业调研的基础上分析认为，《劳动合同法》给现代企业带来新的压力和转型驱动力，劳动密集型企业将逐渐从价格优势升级为品牌与渠道优势，注重研发，提升产品档次，以实现转型升级。

　　职业健康安全管理体系认证作为我国加强劳动保护的重要表现形式，特别是 2011 年出台的《职业健康安全管理体系要求》对企业进行职业健康安全管理体系建设提出了更严格的要求与标准。职业健康安全管理体系认证在给劳动者带来更严格保护的同时，给企业也带来了一定的经营冲击，面对不断增加的企业劳动成本，企业必须采取积极、主动的应对措施。目前国内外对于管理体系认证的经济后果研究出现了两种主要的结果。一部分结果是负面的，认为职业健康安全管理体系认证具有一定的形式主义从而增加企业成本，降低企业效率。Boiral（2011）指出，这些认证更多关注过程而非企业实际绩效，企业的运营成本和组织复杂性增加，另外还有过度文件化管理现象，或使企业在认证效果方面流于形式缺乏实质，难以提高其可持续发展能力。Prajogo 等（2012）认为认证、审查、监督、再监督流程复杂且频繁，增加了时间成本和经济成本，导致企业在无法看到经济效率提升时，没有动力全力实施这些标准。Ghahramani（2016）发现，虽通过 OHSAS 认证的公司比非认证公司有更好的职业健康与安全实践理念，但认证公司的管理系统并未与企业原有管理体系有效融合，OHSAS 18001 没有有效实施，企业安全水平改进有限。Paulraj 等（2011）没有发现认证在财务绩效方面的好处。另一部分研究结果是正面的，认为管理体系的认证可以提高企业在各个方面的管理水平，最终提高企业绩效。黄岩（2015）研究认为由于中国国家立法和工会对劳工权利的保护相对脆弱，认证监管模式正在成为劳动权利保护的第三条道路并发挥积极作用。Santos 等（2011）发现，企业在刚刚通过认证的几年，会增加组织复杂性和实施成本，然而随着时间的推移，边际成本会逐渐降低，管理的有效性不断改善，二者呈现 U 形关系。Geibler（2006）指出，OHSAS 能够带来社会公正和经营效率，Robson 等（2007）通过研究认为，职业健康安全管理体系认证能

够减少受伤率和事故率及相关成本，提高了员工参与度和生产效率，Fernández
和 Gutiérrez（2011）认为长期来看，认证流程与原有管理流程的融合，会逐渐
强化流程、技术、员工、政治因素的动态能力和整合度，这些经验使公司更加
了解其当前认证项目的重点维度，增强了公司的能力，以及与内部和外部利益
相关者在环境和社会领域的交流，并允许企业转向新的可持续发展程序，提高
工作效率。Vinodkumar and Bhasi（2011）通过实证研究证明职业健康管理体
系的认证已成为企业获得竞争力的重要手段，Chris 等（2014）通过对 211 家
美国制造型企业研究发现，认证增长了安全性能、劳动生产率、销售水平和
盈利能力，并且这些好处实现了耦合增长。Rajkovic 等（2015）将 OHSAS 集
成到综合管理系统（IMS），认为集成认证可以减少伤害和损失，提高监管质
量。Chemwile（2016）等认为 OHSAS 能够提升组织绩效。Palacic（2016）研
究表明实施 OHSAS 标准降低了工伤和事故，并减少了财务费用。Chung 等
（2016）发现台湾企业实施 OHSAS 与竞争力有显著相关性，能够降低事故率，
减少营运成本，提升管理效率和员工的安全意识。Wang 和 Lin（2016）对中
国制造型企业研究发现，通过 ISO 9000、ISO 14001、OHSAS 18001 三类认证
多的企业，其可持续发展效率高于同类型认证少的企业。

虽然国内外对管理体系认证的经济后果出现了分歧，但是具体到对企业创
新的影响，情况可能会有所不同。正是由于管理体系认证增加了组织复杂性、
认证成本和运营成本（Boiral，2011），企业才更有动力进行转型升级。人工
成本的上升是我国企业进行创新研发、技术进步的动力，从而推动产业结构升
级（李钢等，2009），增加企业创新投入。

二、研究假说

Manso（2011）指出，眼前对成本的承受和长远对收益的期望相结合的战
略，是驱动企业创新的最佳机制，职业健康安全管理体系认证增加了企业劳动
力成本，付出了更多的雇用成本会使得企业减少对员工的解雇意愿，短期内增
加对员工失败的容忍程度，而且研发创新工作是一项高投入、周期长的组织活
动，职业健康安全管理体系认证可以增强员工的稳定性，使员工长期投入研发
活动。Acharya 等（2014）根据不完全契约理论提出，事前的劳动保护可以使

事后"敲竹杠"现象的解决效率提升，进而增加企业的创新能力。组织的重点中枢是核心竞争力，核心竞争力离不开研发工作的投入，然而研发产出存在周期长、回报不明确、成本高、风险大的特点，在开始进行研发专项成本投入时，组织与员工间按照完全契约确定研发产出后利润分配方案较为困难。另外，组织与员工相比处于强势地位，职员预期到利润分配和解雇的风险后，会丧失创新投入的积极性。OHSAS 18001 认证有可能帮助解决这一"敲竹杠"的问题：解雇成本的增加，将会降低企业解雇员工的意愿，得到认证的企业员工会没有"后顾之忧"地更加积极投入企业研发工作中，创新研发项目也很有可能得到更多的产出。

由于 2008 年我国新的《劳动合同法》的实施引发学者们对我国劳动保护经济后果研究的热潮，对于劳动保护与企业创新的研究，黄平（2012）认为，《劳动合同法》的实施有助于知识密集型产业的发展，从而有助于中国产业的转型升级。刘媛媛和刘斌（2014）也指出，《劳动合同法》加剧的人工成本黏性导致了企业用机器设备替代人工的可能性。以上的文献说明，在劳动力相关的制度性压力下，组织会尽量增加其他生产要素对劳动力资源的取代比率，以降低劳动力市场成本和风险。倪骁燃、朱玉杰（2016）以 2008 年我国新《劳动合同法》的实施为时间界限实证研究发现增强劳动保护能够增加企业的研发投入，促进创新效果。职业健康安全管理体系认证作为加强企业劳动保护的一种表现形式，是否会促进企业创新力的提高需要进行实证检验。我们由此推出如下待检验的假说 1。

假说 1：企业通过职业健康安全管理体系认证会增加企业的创新投入和创新产出。

如果假说 1 被证实，那么职业健康安全管理体系对企业创新的影响路径是什么？本节从企业自身是否具有政治关联和职业健康安全管理体系认证覆盖人数比例的高低来进一步分析。政治关联现象在全球许多国家都广泛存在，特别是在产权保护较弱的国家和地区更为突出。在我国关系主导型的社会结构下，由于外部产权保护较弱与市场不完善的发展表现，政治关联被视为企业的一种宝贵资源，刘慧龙等（2010）通过对中国上市公司的研究得出，国企高管的政治关联度会增加对企业员工的劳动保护，进而增加员工的冗余程度影响企业员工的配置效率，而民营企业的政治关联会减少企业员工的冗余程度，提高企业员工的配置效率。徐晋等（2011）研究表明民营企业建立政治关联有助于减少企业的成本，获得稀缺资源，增加盈利机会，政治关联产生的隐性收益使企业将有能力进行劳动保护与企业创新，但是政治关联企业本身的"臃肿"和受政府制约的因素也会降低企业效率。Bevilacqua 和 Ciarapica（2016）分析了OHSAS 标准成功实施的基础是企业决策，失败因素有官僚主义、专业度不足、高认证费用。袁建国等（2015）基于政治关联与企业技术创新的角度研究表明我国企业存在政治关联的"诅咒效应"，企业政治关联阻碍了企业创新活动，降低了创新效率，即企业政治资源加剧了企业粗放式发展，阻碍了企业自主创新，最终无益于改善经济增长质量。陈德球（2014）从银行借款契约角度提出了具有政治关联的企业劳动保护与银行借款契约之间的正相关关系会降低，随后陈德球（2016）从政策不确定性角度研究说明政治关联会降低企业创新效率。

职业健康安全管理体系认证是非制度性加强劳动保护的有效手段，降低了经营弹性，提高了经营风险，面对激烈的竞争环境，企业需增加研发投入，考虑到创新周期长、回报不明确、成本高、风险大的特点，企业需要全方位评估研发成本和收益。组织面临的外部营业处境会促进或抑制其自身的业务执行水平，导致业务收益存在不确定性。在外部系统存在不稳定和风险的背景下，放任各组织和各单元以自身能力对抗不确定性远远不够，需要系统中的决策者和维护者——政府安排高效的制度规范，以减小各组织的业务风险。特别是企业研发的项目是新技术、新产品、新流程、新服务时，需投入的成本高昂，收益还是损失难以把控，这时企业去寻求政治关联，利用有政治背景的人士的社会关系获取资源，资金支持是企业政治关联的主要原动力之一。王珍义等（2011）研究证明具有政治关联的企业能够更为便利地得到融资，但是对于企业能否获得政府直接创新资金支持存在疑问。具有政治关联的企业获取了资源，需要配合政府创造短期业绩的目标，在自利动机的驱动下，具有政治关联的企业进行职业健康安全管理体系认证更多的是为了获得社会认同感和政府奖励，而不是为了提高内部经营效率。另外，这类企业一般而言规模较大、机构繁杂，即便 ISO 18001 认证能够一定程度促进创新效率，但在这类企业 ISO

18001 想发挥出创新效果需要更长的时间和更复杂的路径。我们由此推出如下待检验的假说 2。

假说 2：没有政治关联的企业职业健康安全管理体系认证促进创新效率比有政治关联的企业作用更为明显。

企业认证的职业健康安全管理体系覆盖人数，并非企业总人数，而是覆盖企业某个部门或某段特殊的业务流程，故认证覆盖人数直接反映企业的劳动保护对象群体规模，通过认证覆盖人数与企业总员工比例的多少，可以直接体现企业的劳动保护程度。且进行职业健康安全管理体系认证需要成本，认证覆盖人数比例高的企业比认证覆盖人数比例低的企业在审核、多次监督、再认证方面需要付出更多的时间成本、经济成本和员工精力投入。李钢等（2009）通过研究发现人工成本的上升是我国企业进行创新研发、技术进步的动力。企业相对成本的增加会促使企业进行转型升级，从而推动产业结构升级，提高企业创新力。倪骁燃、朱玉杰（2016）通过实证研究证明企业劳动保护的加强会促进企业增加研发投入，提高创新能力。因此，通过职业健康安全管理体系认证的覆盖人数比例多少能否影响企业的创新效率需要实证检验进行验证。我们由此推出如下待检验的假说 3。

假说 3：认证覆盖人数比例高的企业对创新的激励程度更高。

三、研究设计

（一）样本与数据来源

本节以我国 2011—2015 年沪市、深市 A 股企业数据为基础样本数据进行研究，由于 2011 年新的《职业健康安全管理体系要求》对企业进行职业健康安全管理体系认证进行了更加规范和严格的要求，赵敏等（2012）通过对新《职业健康安全管理体系要求》理念、术语、定义和内容的变化进行了全面解读和研究，得出新《职业健康安全管理体系要求》有利于推动职业健康安全体系的发展，且 2011 年新标准要比旧标准严格很多。为了减少新旧认证标准的差异带来的影响，本节仅选取 2011 年之后的数据作为样本。该面板数据不仅能够收集 2011 年之前已经通过认证企业的认证数据，也更有利于显示 2011 年新《职业健康安全管理体系要求》的实施是否推动了企业进行职业健康安全管理体系认证，并有效检验职业健康安全管理体系认证是否促进企业创新效率。

职业健康安全管理体系认证数据来源于认证认可业务信息统一查询平台网站，沪市和深市 A 股上市企业共有 2942 家企业通过职业健康安全管理体系认证。其中通过职业健康安全管理体系认证的企业中制造业占 80% 以上，可能是由于制造业作为劳动密集度比较高的企业，对劳动保护的需求更强烈，且制造业对于员工的健康状况较其他企业要求更高，所以制造业企业有更强烈的动机进行职业健康安全管理体系认证。通过收集数据得知职业健康安全管理体系认证通过的时间区间在 1997—2016 年，其中 2008 年后通过认证的企业占比较大，可能由于我国 2008 年北京奥运会之后对外经济的大力发展，职业健康安全管理体系认证对于企业走出去有强烈的推动作用，因此 2008 年之后企业更多地进行职业健康安全管理体系认证。专利和研发数据来自 CSMAR 数据库的公司研究的创新部分，其他公司治理数据和财务相关数据来自 CSMAR 数据库。CSMAR 数据库对专利和研发的最新数据更新到 2015 年。

根据研究需要，本节从收集的 2011—2015 年沪市、深市 A 股企业数据样本中剔除专利和研发从未披露过的企业，剔除其他数据缺失的样本，剔除 ST、*ST 暂停上市、退市的企业样本，最终得到 5520 个观测值。为剔除异常值影响，本节对模型的所有变量在上下 1% 水平进行了 Winsorize 处理。

（二）模型设定和变量定义

为验证提出的研究假说，通过上市公司是否通过企业认证（Pass）考察其对公司创新行为的影响，具体模型设置如下：

$$Innovation_{i,t} = \beta_0 + \beta_1 Pass + \beta_i Control_{i,t} + FirmFE + YearFE + \varepsilon_{i,t} \qquad (1)$$

在模型（1）中被解释变量 $Innovation$ 是在第 t 年公司的创新水平，包括公司当年的创新产出专利获得授权数量和企业研发投入。专利获得授权数量来自 CSMAR 数据库中的公司研究系列的创新数据库，中国知识产权局公布的创新类型包括三类：发明专利、外观设计专利和实用新型专利。CSMAR 数据库中专利数据包括了这三种专利，由于专利是测度公司创新产出的指标，因此分别选用三种专利获得授权的自然对数进行度量。$Patent1$ 为专利获得授权总量加 1 后的对数值，以 $Patent1$ 为被解释变量对模型（1）进行实证检验，$Patent2$ 为发明获得授权总量加 1 后的对数值，$Patent3$ 为外观和实用新型获得授权总量加 1 后的对数值，以 *Patent*2 和 *Patent*3 作为 *Patent*1 的代理变量进行稳健性检验。

我们以研发投入作为企业创新投入的指标，企业研发投入数据来自 CSMAR 数据库中公司研究系列的创新数据库，参照以往文献的做法（Hirshleifer 等，2013；Faleye 等，2014；Seru，2014），为避免样本选择性偏误的问题，若当年研发投入为缺失值则替换为 0。我们根据研发投入数据构建了如下指标：*R&D*1 定义为企业研发投入与总资产之比，以 *R&D*1 作为被解释变量进行实证检验，*R&Dtest* 定义为虚拟被解释变量，将有研发投入的赋值为 1，没研发投入的赋值为 0，以 *R&Dtest* 作为代理被解释变量进行稳健性检验。

综合运用以上五个 *Innovation* 指标，我们能够较为全面地观测企业职业健康安全管理体系认证对企业创新投入和创新产出的影响。另外，由于 OHSAS 18001 认证从申请到企业流程改革，到认证检查通过，至少需要两到三年时间，这与《劳动法》等政策法规某年发布带来的即刻性影响不同。企业从申请认证开始，已影响企业内部的创新流程和创新效果，故本节的模型设置中，直接研究通过认证当年对创新效率的影响，该模型实际已考虑到认证对创新效率的滞后效应。

Pass 为企业是否通过职业健康安全管理体系认证的解释变量，为虚拟变量。如果该企业在 t 年通过了职业健康安全管理体系认证，则该变量赋值为 1，否则为 0。进一步分析，从企业自身性质和职业健康安全管理体系认证本身来考量企业创新影响的程度，首先从企业自身是否具有政治关联来考量对企业创新效率的影响，如果企业 CEO 曾在政府或军队部门任职，则具有政治关联赋值为 1，否则为 0；其次从职业健康安全管理体系认证本身来考量对于企业创新效率的影响，对于职业健康安全管理体系认证本身的异同，本节从认证覆盖人数的高低进行考量，根据通过职业健康安全管理体系认证覆盖人数占企业总人数的比例进行等级划分，以比较职业健康安全管理体系认证对企业创新效率的影响。

参照以往相关文献，在本研究中我们加入了以下控制变量：企业规模（*Size*）、无形资产（*Intan*）、经营性现金流（*Cashflow*）、营运资金（*Wkcapital*）、总资产回报率（*ROA*）、企业上市年限（*Age*）、资产负债率

116

（*Lev*）、营业收入增长率（*Growth*）、董事会规模（*Boardnum*）和第一大股东持股比例（*Shc*）。在稳健性检验和进一步讨论中我们还将进行分组讨论与检验，以验证本研究所揭示的影响渠道。主要变量的定义和描述性统计结果如表5-6所示：

表 5-6　职业健康安全管理体系认证与创新绩效变量定义表

变量		主要变量定义与计算方法
创新产出	*Patent*1	专利获得授权总量加 1 后的对数值
	*Patent*2	发明授权总量加 1 后的对数值
	*Patent*3	实用和外观授权总量加 1 后的对数值
创新投入	*R&D*1	企业研发投入 / 总资产
Pass		企业当年通过认证或认证在有效期取值为 1，否则为 0
Size		企业规模，总资产的对数值
Intan		无形资产 / 总资产
Cashflow		经营性现金流量净额 / 总资产
Wkcapital		营运资金 / 总资产
ROA		公司总资产回报率
Age		上市年限
Lev		资产负债率，总资产 / 总负债
Growth		营业总收入增长率
Boardnum		董事会规模
Shc		第一大股东持股比例，第一大股东持股数 / 总股本
Ceopolitical		CEO 曾经在军队或政府部门任职为 1，否则为 0

四、实证分析

（一）描述性统计和相关性分析

表 5-7　职业健康安全管理体系认证与创新绩效描述性统计结果

变量		最小值	最大值	平均值	标准差
创新产出	*Patent*1	0	9.875	3.512	1.525
	*Patent*2	0	9.750	2.017	1.418
	*Patent*3	0	8.788	3.035	1.744
创新投入	*R&D*1	0	1	0.02	0.026
Pass		0	1	0.3	0.457
Size		1.920	2.800	2.200	1.208
Intan		1.883	6.229	4.481	4.592
Cashflow		−3.054	4.886	3.737	6.991
Wkcapital		−1.856	4.147	2.067	3.287
ROA		−0.973	1.218	0.0398	0.068
Age		0	25	8.81	5.722
Lev		0.000080	3.985	0.375	0.217
Growth		−1.000	2379.790	0.805	3.446
Boardnum		0	15	2.85	4.214
Shc		3.50	87.00	36.960	15.103
Ceopolitical		0	1	0.21	0.404

表 5-7 描述性统计结果显示，专利的标准差都在 1.5 左右，研发标准差为 0.026，说明不同企业创新产出水平较创新投入水平差距大。企业规模均值和标准差分别为 2.200 和 1.208，无形资产占比的均值和标准差分别为 4.481 和 4.592，说明我国企业整体无形资产投入较小，且不同企业对于无形资产的投入差距较大。现金流量的均值和标准差分别为 3.737 和 6.991，说明不同企业经营现金流量存有量差距显著。公司总资产回报率的均值和标准差分别为 0.0398 和 0.068，表明公司总资产回报率整体水平较低。营业总收入增长率的均值和标准差分别为 0.805 和 3.446，我国上市公司总收入增长率在不同企业存在较大差异性特征。董事会人数的均值和标准差分别为 2.85 和 4.214，说明我国企业规模可能存在很大差异，企业发展不均衡。第一大股东持股比例的均值和标准差分别为 36.960 和 15.103，说明我国企业持股的分散度不同，企业的决策效率差别较大。

表 5-8 是主要变量的 Pearson 相关系数统计，可以看出，专利获得授权总量 $Patent1$、发明专利 $Patent2$、外观和实用新型专利 $Patent3$ 均与通过职业健康安全管理体系认证 pass 显著正相关，研发投入 $R\&D1$ 虽不显著但是方向为正，说明职业职健康安全管理体系认证对企业创新投入与创新产出具促进作用。$Patent1$、$Patent2$、$Patent3$、$R\&D1$ 与经营性现金流 $Cashflow$ 正相关，表明有足够现金流量的企业会增加企业的创新投入和产出，与总资产回报率 ROA 正相关，表明盈利能力高的企业更有能力投入企业创新活动，与营业总收入 $Growth$ 负相关，表明企业在营业收入增长高的情况下可能更愿意投入短期的具有高收入的项目，而不愿投入高风险、长周期的企业创新活动中。其他主要变量相关系数方向也都与文献结论基本一致。

参照以往文献需要检测变量间可能存在的多重共线性问题，只有排除变量间的多重共线性，才能对模型进行有效的多元回归分析，本节统计了每个自变量的方差膨胀因子和容忍度，主要变量间的多重共线性检验结果如表 5-9 所示。检验结果表明，所有解释变量的方差膨胀因子 VIF 值都小于 2，容忍度 Tolerance 值都远大于 0.1，因此接下来的多元回归模型不存在多重共线性问题，可以进一步分析。

表 5–8　职业健康安全管理认证与创新绩效变量间的 Pearson 相关系数

	Patent1	Patent2	Patent3	R&D1	Pass	Size	Intan	Cashflow	Wkcapital	ROA	Age	Lev	Growth	Boardnum	Shc
Patent1	1														
Patent2	0.728**	1													
Patent3	0.911**	0.473**	1												
R&D1	0.165**	0.212**	0.087**	1											
Pass	0.154**	0.125**	0.259**	0.003	1										
Size	0.300**	0.323**	0.259**	−0.126**	0.219**	1									
Intan	−0.014	−0.006	−0.020	−0.042**	−0.005	0.005	1								
Cashflow	0.077**	0.104**	0.034*	0.116**	0.036**	0.070**	0.032*	1							
Wkcapital	−0.048**	−0.070**	−0.037**	0.140**	−0.097**	−0.350**	−0.115**	−0.022	1						
ROA	0.045**	0.048**	0.021	0.101**	0.017	0.017	−0.074**	0.252**	0.284**	1					
Age	0.073**	0.141**	0.039**	−0.102**	0.060**	0.351**	0.055**	0.022	−0.350**	−0.109**	1				
Lev	0.048**	0.054**	0.062**	−0.157**	0.169**	0.375**	0.018	−0.082**	−0.505**	−0.379**	0.325**	1			
Growth	−0.017	−0.022	−0.010	−0.013	−0.013	0.007	0.026	−0.005	0.007	0.008	0.024	−0.003	1		
Boardnum	−0.051**	−0.095**	−0.030	0.099**	−0.105**	−0.267**	−0.043**	−0.048**	0.356**	0.068**	−0.663**	−0.344**	−0.012	1	
Shc	0.051**	0.008	0.063**	−0.063**	0.074**	0.205**	0.008	0.051**	−0.026	0.046**	−0.106**	0.024	0.006	−0.020	1

注：$N=5520$，***、**、* 分别表示在 0.01、0.05、0.1 水平上显著。

表 5-9　职业健康安全管理体系认证与创新绩效解释变量在各模型中的最大 *VIF* 和最小 *Tolerance* 值

变量	方差膨胀因子 *VIF*	容忍度 *Tolerance*
Pass	1.068	0.936
Size	1.415	0.707
Intan	1.032	0.969
Cashflow	1.083	0.923
Wkcapital	1.477	0.677
ROA	1.339	0.747
Age	1.938	0.516
Lev	1.692	0.591
Growth	1.003	0.997
Boardnum	1.789	0.559
Shc	1.082	0.924

（二）模型回归结果

为检验职业健康安全管理体系认证是否对企业创新效率产生影响，本节对方程（1）进行了回归分析，具体回归结果如表 5-10 所示：

表 5-10　职业健康安全管理体系认证与创新绩效模型回归结果

变量	（1） 专利 *Patent*1	（2） 研发 *R&D*1
Pass	0.271***	0.00257**
	（3.05）	（2.30）
Size	0.429***	0.00154**
	（8.83）	（2.39）
Intan	−0.0979	−0.0139
	（−0.15）	（−1.12）

续表

变量	（1） 专利 *Patent*1	（2） 研发 *R&D*1
Cashflow	1.177***	0.0359***
	（3.36）	（4.94）
Wkcapital	0.297***	0.00414*
	（2.67）	（1.74）
ROA	0.999**	0.0237***
	（2.13）	（3.16）
Age	−0.0236**	−0.000320***
	（−2.24）	（−2.67）
Lev	−0.0130	−0.00313
	（−0.06）	（−1.21）
Growth	−0.000620***	−0.00000628***
	（−5.82）	（−5.63）
Boardnum	−0.0194	−0.000166
	（−1.58）	（−0.85）
Shc	−0.00258	−0.0000645*
	（−0.98）	（−1.80）
常量	−7.157***	−0.0407***
	（−6.66）	（−2.90）
Year FEs	Yes	Yes
Firm FEs	Yes	Yes
N	5513	5513
adj. R^2	0.247	0.167

注：***、**、* 分别表示在 0.01、0.05、0.1 水平上显著。

表 5-10 的回归结果表明，以 *Patent*1 为被解释变量时，*Pass* 的回归系数

在 1% 的水平上显著为正，以 $R\&D1$ 为被解释变量的回归方程中，$Pass$ 的回归系数均在 5% 的水平上显著为正。这表明，无论从企业创新投入还是创新产出来看，职业健康管理体系认证都会促进企业的创新水平。从企业内部因素看，职业健康安全管理体系认证对于企业有创新激励作用，进行职业健康安全管理体系认证会增加企业对员工的劳动保护程度，增加员工工作的积极性和归属感，员工更愿意投身于企业做贡献，主动从事对于企业发展具有重要作用的研发活动；从企业外部激励看，进行职业健康安全管理体系认证增加了企业成本和压力，在市场优胜劣汰的环境中，企业为降低负担主动寻求新的出路，增加创新投入，加快转型升级。

从控制变量来看，需要特别说明的是无形资产，无形资产与认证情况虽未通过显著性检验，但与我们之前的预期方向相反，即无形资产较高的企业创新水平反而相对较低，这可能是由于从会计学角度来讲企业无形资产不仅包括专利权、非专利技术，还包括土地使用权、著作权等。近年来由于我国房地产价格的飙升，企业无形资产中土地使用权价值所占比重大幅上升，土地使用权较高的企业可能不愿意更多地投入到企业风险较高的研发项目中。规模较大的企业创新水平较高，无论创新投入还是创新产出都是如此。现金流量占比和营运资本占比越高的企业，创新水平越高，由于企业创新活动是一项周期长，风险高的投资活动，需要大量的现金流量和资本进行支撑。公司总资产回报率与企业创新水平成显著正相关关系，资产回报率是用来衡量每单位资产创造多少净利润的指标，总资产回报率高的企业，盈利能力更强，企业更有能力投入创新活动。企业上市年限与创新投入和产出负相关，表明新上市企业创新动力更足，组织处于不同的生命周期阶段有不同的创新表现。资产负债率较高的企业，创新水平越低，这可能与债权人的激励有关：与企业股东相比，债权人极少从企业的高风险高收益活动中获益，他们更为关注的是企业安全，以保证按时收回稳定的利息和本金，这个目标与高风险的创新活动背道而驰。营业总收入增长率越高的企业，创新水平越低，这可能是由于收益项目的替代效应，创新活动本身是一个周期长、见效慢的项目，短期获益可能性较低，如果企业有可行的短期收入增长较快的项目，就没有动力进行长期研发投入。企业董事会规模与企业创新水平成负相关，表明企业董事会规模越大的企业，决策效率会降低，对于公司进行的长期创新投入决策没有董事会规模小的企业进行得快。第一大股东持股比例与企业创新水平负相关，这表明我国的大股东的投资组合可能更多集中于所持股企业中，由于股权的集中，更可能选择规避风险。以上各控制变量的回归系数符号基本与我们的预期一致。由上可知，企业通过职业健康安全管理体系认证会增加企业的创新投入和创新产出，且在统计意义和经济意义上均有较高的显著水平，假说1得到验证。

本节已揭示出职业健康安全管理体系认证对企业的创新投入和创新成果有显著正向影响，接着，本节将二者的关系放在某些情境中进行讨论，以尽可能地挖掘出职业健康安全管理体系认证对创新激励作用的路径。我们主要从企业自身角度和职业健康安全管理体系认证角度两个方面考虑：一方面，企业自身的差异性、企业所处的行业、所处的发展阶段、企业文化、企业性质和企业政治关联等都可能对企业的创新效率产生影响。陈德球（2016）通过实证检验分析得出政治关联在企业面临政策不确定性时对企业创新效率产生负面影响，本节进一步研究企业具有政治关联是否影响职业健康安全管理体系认证与企业创新效率的关系，以验证假说2。另一方面，认证本身具有异质性，企业受到的监督次数、再认证次数、是否主流认证标识、认证覆盖人数也可能影响认证的执行效果，继而影响企业的创新效率，最终带来创新程度的差异。由于经过统计分析未发现企业受到的监督次数和再认证次数在职业健康安全管理体系认证对企业创新效率方面的显著意义，故此不再赘述，本节只进一步对职业健康安全管理体系认证覆盖人数比例进行实证分组检验，以验证假说3。

企业自身角度——是否具有政治关联的分组检验。为验证政治关联在职业健康安全管理体系认证对企业创新激励影响方面的效果，我们根据企业是否具有政治关联进行样本分组，将企业 CEO 曾在军队或政府部门任职的归类为有政治关联的一组，否则为无政治关联。政治关联是带给了企业更多经济资源，促进了企业加强劳动保护、提高企业研发投入、促进企业转型升级呢？还是使政府更多地干预企业的经营决策，让企业承担政府的部分社会职能降低企业的创新效率，从而降低企业转型升级的步伐呢？我们对职业健康安全管理体系认证对企业创新效率的影响，以是否具有政治关联进行分组回归检验，回归结果如表 5-11 所示：

表 5-11 政治关联、职业健康安全管理体系认证与企业创新效率

变量	Panel A		Panel B	
	有政治关联	无政治关联	有政治关联	无政治关联
	（1）	（2）	（3）	（4）
	Patent1	Patent1	R&D1	R&D1
Pass	0.002	0.299***	0.001	0.003**
	（0.01）	（3.01）	（0.53）	（2.46）
Size	0.622***	0.389***	0.001	0.002**
	（7.69）	（6.86）	（1.42）	（2.06）
Intan	−1.798*	−0.045	−0.018	−0.023**
	（−1.66）	（−0.06）	（−0.74）	（−2.00）
Cashflow	1.824***	0.974**	0.028***	0.037***
	（2.67）	（2.45）	（2.76）	（4.30）
Wkcapital	0.219	0.321**	−0.003	0.006**
	（1.24）	（2.44）	（−0.90）	（2.23）
ROA	1.621*	0.677	0.039***	0.021**
	（1.70）	（1.31）	（2.77）	（2.50）
Age	−0.034	−0.016	−0.000	−0.000**
	（−1.44）	（−1.29）	（−0.90）	（−2.38）
Lev	0.402	−0.085	−0.010	−0.002
	（0.91）	（−0.37）	（−1.57）	（−0.58）
Growth	−0.004	−0.001***	−0.000	−0.000***
	（−0.41）	（−5.63）	（−1.07）	（−4.78）
Boardnum	−0.015	−0.018	−0.000	−0.000
	（−0.68）	（−1.26）	（−0.74）	（−0.50）
Shc	−0.008	−0.001	−0.000	−0.000
	（−1.38）	（−0.21）	（−1.35）	（−1.56）

续表

	Panel A		Panel B	
	有政治关联	无政治关联	有政治关联	无政治关联
常量	-10.950^{***}	-6.549^{***}	0.036^{**}	0.043^{**}
	（−5.89）	（−5.11）	（2.10）	（2.58）
Year FEs	Yes	Yes	Yes	Yes
Firm FEs	Yes	Yes	Yes	Yes
N	1133	4380	1133	4380
adj. R^2	0.402	0.230	0.267	0.170

注：***、**、* 分别表示在 0.01、0.05、0.1 水平上显著。

表 5-11 分组回归结果显示，以 $Patent1$、$R\&D1$ 为被解释变量时，代表无政治关联的一组分别对 $Pass$ 的相关系数在 1%、5%、5% 水平上正相关，通过显著性检验；代表有政治关联的一组对 $Pass$ 的相关系数虽然为正，但均未通过显著性检验。可能是一方面对于有政治关联的企业来说，企业在发展过程中的经营战略大都通过"寻租"和"关系"来实现，企业缺乏足够的创新动机进行创新活动，同时由于机构庞大或者臃肿，职业健康安全管理体系认证传导到创新的效率较低；另一方面对于没有政治关联的企业来说，企业所处的竞争环境相对更加激烈，企业会寻求自身的强大以应对市场激烈的竞争环境，从而增加企业创新投入以实现企业的转型升级，加之没有政治关联的企业拥有企业经营决策的绝对自主权，对于企业长期发展的创新投入有更高的决策权和执行效率。所以对于没有政治关联的企业而言，职业健康安全管理体系认证对企业创新效率的正面影响要比有政治关联的企业大，其他变量相关系数符号也都与我们预期一致。假说 2 通过实证检验。

职业健康安全管理体系认证角度——职业健康安全管理体系认证覆盖人数比例对企业创新效率的分组检验。本节以职业健康安全管理体系认证的覆盖比例进行分组，认证覆盖比例（认证覆盖人数 / 企业总人数 ×100%）能够有效地显示出企业进行职业健康安全管理体系认证人数在企业总员工数的比例，体现一个企业由职业健康安全管理体系认证带来的劳动保护覆盖范围。职业健康安全管理体系认证覆盖范围为 0—100%，以其比例中位数 46.5857% 进行数据分组，分为 0< 认证覆盖人数比例 <46.5857% 和 46.5857%< 认证覆盖人数比例 <100% 两组进行数据检验，分组检验结果如表 5-12 所示：

表 5-12　职业健康安全管理体系认证覆盖人数比例对企业创新效率的分组检验结果

变量	Panel A		Panel B	
	0< 认证覆盖人数比例 <46.5857%	46.5857%< 认证覆盖人数比例 <100%	0< 认证覆盖人数比例 <46.5857%	46.5857%< 认证覆盖人数比例 <100%
	（1）	（2）	（3）	（4）
	*Patent*1	*Patent*1	*R&D*1	*R&D*1
Pass	0.337	1.547***	0.002	0.004**
	（1.51）	（4.57）	（0.40）	（2.26）
Size	0.641***	0.409***	0.383***	−0.002**
	（4.84）	（5.68）	（5.33）	（−2.51）
Intan	−0.418	0.794	−0.342	−0.004
	（−0.24）	（0.89）	（−0.22）	（−0.21）
Cashflow	2.844***	1.388***	0.385	0.047***
	（2.66）	（3.00）	（0.64）	（4.30）
Wkcapital	1.316**	0.091	1.067***	0.002
	（2.48）	（0.85）	（3.40）	（0.90）
ROA	0.197	0.726	1.517	0.017*
	（0.14）	（1.23）	（1.63）	（1.76）
Age	−0.068**	−0.023	−0.014	−0.000***
	（−2.16）	（−1.41）	（−0.83）	（−3.12）
Lev	0.714	−0.008	0.232	−0.005
	（1.40）	（−0.03）	（0.56）	（−1.30）
Growth	−0.146*	−0.001***	−0.118***	−0.000***
	（−1.72）	（−4.52）	（−2.88）	（−3.75）

续表

	Panel A		Panel B	
	0< 认证覆盖人数比例 <46.5857%	46.5857%< 认证覆盖人数比例 <100%	0< 认证覆盖人数比例 <46.5857%	46.5857%< 认证覆盖人数比例 <100%
Boardnum	−0.056*	−0.010	−0.016	−0.000
	（−1.77）	（−0.53）	（−0.79）	（−1.11）
Shc	−0.003	−0.002	−0.005	−0.000***
	（−0.44）	（−0.41）	（−1.14）	（−2.72）
常量	−12.602***	−6.610***	−7.749***	0.057***
	（−4.47）	（−4.26）	（−4.98）	（3.25）
Year FEs	Yes	Yes	Yes	Yes
Firm FEs	Yes	Yes	Yes	Yes
N	2143	524	2143	524
adj. R^2	0.378	0.236	0.302	0.215

注：***、**、* 分别表示在 0.01、0.05、0.1 水平上显著。

表 5-12 分组回归结果显示，当以认证覆盖人数比例对职业健康安全管理体系认证与企业创新效率进行分组检验，以 *Patent*1、*R&D*1 作为被解释变量时，46.5857%< 认证覆盖人数比例 <100% 的一组对 *Pass* 的相关系数均为正且分别在 1%、5% 上通过显著性检验；而 0< 认证覆盖人数比例 <46.5857% 的一组对 *Pass* 的相关系数虽都为正，但均未通过显著性检验。一方面从企业内部来讲，认证覆盖比例高代表更多的企业员工受到职业健康安全管理体系认证的保护，这些员工会有更强的劳动保护激励，更积极地工作，企业在职工心中有良好的形象，同时那些企业中未被认证覆盖的员工也受到了鼓舞，最终使更多的员工愿意全身心投入到企业创新工作中；另一方面从整个市场环境来讲，一个企业进行职业健康认证本身需要投入很大的人力和物力，增加企业的成本，企业进行认证的覆盖人数比例高意味着比认证覆盖人数比例低的企业要投入相对更多的时间和精力，在整个市场竞争的环境中，成本的提高会刺激企业加快转型升

级的步伐，进而提高企业的创新投入。因此，职业健康安全管理体系认证在认证覆盖人数比例高的企业对创新的激励作用更明显。其他变量相关系数符号也都与我们预期一致，假说3通过显著性检验。

（三）稳健性检验

为了验证本节结论的可靠性，本节从代理被解释变量、更换检验期间、对子样本进行回归检验三个角度对实证检验结果进行稳健性检验。

第一：以代理变量衡量企业创新投入和创新产出。参考陈德球等（2016）以代表变量进行稳健性检验，本节以发明获得授权总量 *Patent*2、以外观和实用新型获得授权总量 *Patent*3 作为 *Patent*1 的代理变量；以 *R&Dtest* 作为 *R&D*1 的代理变量进行回归检验，*R&Dtest* 是将研发投入变量虚拟化，有研发投入的企业赋值为 1，否则为 0。回归结果如表 5-13 所示。

表 5-13 以代理变量定义衡量创新投入和创新产出

变量	（1） 发明获得授权总量 *Patent*2	（2） 外观和实用新型获得授权 总量 *Patent*3	（3） 研发投入虚拟变量 *R&Dtest*
Pass	0.189**	0.299***	0.0103*
	（2.17）	（3.00）	（1.67）
Size	0.450***	0.401***	0.00274
	（9.38）	（7.94）	（0.53）
Intan	−0.0712	−0.321	−0.00874
	（−0.13）	（−0.41）	（−0.09）
Cashflow	1.263***	0.787*	0.103
	（3.92）	（1.81）	（1.40）
Wkcapital	0.304***	0.270*	0.0845***
	（3.42）	（1.94）	（5.86）
ROA	0.702*	0.856	−0.0450
	（1.69）	（1.46）	（−0.73）
Age	−0.0104	−0.0255**	−0.0124***
	（−1.10）	（−2.17）	（−9.86）

变量	（1） 发明获得授权总量 *Patent2*	（2） 外观和实用新型获得授权 总量 *Patent3*	（3） 研发投入虚拟变量 *R&Dtest*
Lev	−0.0266	0.0857	−0.0549*
	（−0.14）	（0.36）	（−1.69）
Growth	−0.00101***	−0.000219*	−0.0000641
	（−7.53）	（−1.84）	（−0.43）
Boardnum	−0.0220*	−0.0136	−0.000392
	（−1.89）	（−0.96）	（−0.30）
Shc	−0.00514**	−0.00155	−0.00000220
	（−1.99）	（−0.51）	（−0.01）
常量	−8.934***	−6.827***	0.562***
	（−8.73）	（−6.11）	（5.15）
Year FEs	Yes	Yes	Yes
Firm FEs	Yes	Yes	Yes
N	5513	5513	5513
adj. R^2	0.243	0.235	0.381

注：***、**、*分别表示在 0.01、0.05、0.1 水平上显著。

表 5-13 检验结果显示，当以代理变量 *Patent2*、*Patent3* 和 *R&Dtest* 为被解释变量时对 *Pass* 的回归系数仍然在 5%、1% 与 10% 水平上显著正相关，其他各控制变量相关符号也基本与预期一致，通过稳健性检验。说明职业健康安全管理体系认证对于企业创新效率的影响在企业专利获取授权发明、外观和实用新型和设计以及企业进行研发投入活动中均存在，假设 1 的结论稳健。

第二：以不同时期创新产出和创新投入衡量企业创新。参照倪骁然（2016）以 *t*+1 期被解释变量进行稳健性检验，且职业健康安全管理体系认证从准备到申请到认证大约需要两到三年的认证通过周期，为了有效检验职业健康安全管理体系认证对于企业创新激励的影响，我们将检验职业健康安全管理体系认证对滞后一期的创新投入和创新产出的影响。由于 CSMAR 数据库中2016 年的企业创新相关数据尚未公布，故我们将通过职业健康安全管理体系认证的时间前置一年，检验通过职业健康安全管理体系认证对于企业 t+1 期创新投入和产出的影响。回归结果如表 5-14 所示。

表 5-14 以不同时期创新产出和创新投入衡量企业创新

变量	（1） 专利 *Patent*1	（2） 研发 *R&D*1
Pass	0.261***	0.00260**
	（2.85）	（2.47）
Size	0.429***	0.00155***
	（8.54）	（2.60）
Intan	−0.125	−0.0170
	（−0.18）	（−1.33）
Cashflow	1.237***	0.0281***
	（3.59）	（4.53）
Wkcapital	0.287***	0.00437**
	（2.63）	（2.01）
ROA	0.617	0.0212***
	（1.29）	（2.95）
Age	−0.0196*	−0.000589***
	（−1.79）	（−5.06）
Lev	−0.0957	−0.00537**
	（−0.43）	（−2.06）
Growth	−0.000751***	−0.00000603***
	（−5.35）	（−4.54）
Boardnum	−0.0261**	−0.000318*
	（−2.04）	（−1.67）
Shc	−0.00330	−0.0000753**
	（−1.21）	（−2.18）

续表

变量	（1） 专利 *Patent*1	（2） 研发 *R&D*1
常量	−7.374***	−0.0445***
	（−6.76）	（−3.44）
Year FEs	Yes	Yes
Firm FEs	Yes	Yes
N	5520	5520
adj. R^2	0.250	0.160

注：***、**、*分别表示在 0.01、0.05、0.1 水平上显著。

表 5-14 检验结果显示，当对于企业滞后一期创新产出和创新投入的效率进行检验时，*Patent*1 对 *Pass* 的相关系数仍然在 1% 水平上显著正相关，*R&D*1 对 *Pass* 的相关系数仍然在 5% 水平上显著正相关，其他各控制变量相关符号也都与前期回归结果一致，通过稳健性检验。说明职业健康安全管理体系认证不仅对于企业当期的创新水平具有激励作用，对企业不同时期的创新水平同样具有激励作用。

第三：子样本检验。在研究职业健康安全管理体系认证对企业创新的影响中，不同行业对企业创新的影响力是否会有所不同？参考林炜（2015）对实证结果进行子样本检验，我们将样本范围限定在制造业（行业代码为 C）进行子样本检验，之所以选择制造业作为子样本，是因为首先在通过职业健康安全管理体系认证的企业中，有 2/3 是属于制造业企业；其次制造业本身是需要大量劳动力对产品进行加工制造的行业，对于职业健康安全的要求比较高；最后制造业直接体现了一个国家的生产力水平，是国家经济实力的体现。王金营（2011）通过研究认为，制造业类劳动密集型产业率先承受由于劳动保护所带来的企业劳动力成本的压力，赵西亮（2016）基于中国工业企业数据实证分析了中国制造业劳动成本上升对企业创新行为的影响，制造业在劳动成本上升的压力下，转型升级的需求比较迫切。因此选择制造业作为子样本对本节的研究样本具有代表性，而且能够为制造业迫切的转型升级提供指引。对制造业子样本的回归结果如表 5-15 所示：

表 5-15 职业健康安全管理体系认证在制造业中对企业创新的回归结果

变量	（1） 专利 *Patent*1	（2） 研发 *R&D*1
Pass	0.286***	0.00323***
	（3.05）	（2.76）
Size	0.464***	0.00160**
	（8.50）	（2.22）
Intan	−0.877	−0.0327***
	（−1.07）	（−2.90）
Cashflow	1.273***	0.0281***
	（3.27）	（4.54）
Wkcapital	0.302**	0.00647**
	（2.25）	（2.42）
ROA	1.437***	0.0231***
	（2.80）	（3.00）
Age	−0.0285**	−0.000297**
	（−2.45）	（−2.30）
Lev	−0.110	−0.000234
	（−0.49）	（−0.09）
Growth	−0.000604***	−0.00000587***
	（−5.70）	（−5.27）
Boardnum	−0.0212	−0.000107
	（−1.61）	（−0.59）
Shc	−0.00386	−0.0000385
	（−1.35）	（−1.08）
常量	−7.287***	−0.0374**
	（−6.46）	（−2.39）

续表

变量	（1） 专利 *Patent*1	（2） 研发 *R&D*1
Year FEs	Yes	Yes
Firm FEs	Yes	Yes
N	4607	4607
adj. R^2	0.236	0.114

注：***、**、* 分别表示在 0.01、0.05、0.1 水平上显著。

表 5-15 可以明显看出，当对制造业进行回归检验时，*Patent*1 在 *Pass* 的相关系数仍然分别在 1% 水平上显著正相关，*R&D*1 在 *Pass* 的相关系数由原实证检验结果 0.00257 提高到 0.00323 显著水平，说明在制造业中通过职业健康安全管理体系认证对于企业的创新投入有更大的激励作用，可能是由于一方面制造业本身劳动密集度较高，进行职业健康安全管理体系认证带来的劳动保护对员工的正向激励作用更强；另一方面制造业较高的劳动密集度使得进行职业健康安全管理体系认证时需要投入更高的成本费用，根据以往文献可知，较高的成本费用对于企业的创新激励更强。因此在制造业中企业职业健康安全管理体系认证对于创新投入和创新产出的激励作用通过显著性检验。

以上三种稳健性检验都佐证了本节的主要研究结论，即职业健康安全管理体系认证会显著提高企业的创新效率。

五、本节结论

当前，我国人口结构急剧变化、经济结构正在转型，本节从探讨我国的劳动保护现状出发，根据以往文献研究结论，提出企业职业健康安全管理体系认证是否能够促进企业创新效率的命题，并随之进一步提出，"企业政治关联是否会促进职业健康管理体系认证对企业创新效率的激励作用"和"认证覆盖人数比例高的企业进行职业健康安全管理体系认证对创新激励作用是否更高"等推论。我们通过对沪市、深市 A 股企业 2011—2015 年样本数据进行收集整理，运用数据分析模型对上述推论进行了实证检验，并对实证检验结果进行了稳健性检验。

第一，职业健康安全管理体系认证能够促进企业的创新激励。统计结果显示以 $Patent1$、$R\&D1$ 为被解释变量时，$Pass$ 的回归系数分别在 1%、5% 的水平上显著为正。并且在对结论分别运用代理被解释变量、更换检验期间、对子样本进行回归检验三个角度进行稳健性检验中，实证结果都通过了检验，说明职业健康安全管理体系认证会明显促进企业创新投入和创新产出。职业健康安全管理体系认证是一项国际公认的劳动保护措施，通过建立该认证体系，可以使企业尽可能减少职业健康危险，降低经营风险，为企业进行创新活动提供稳定的内部环境；通过实施、保持和改进体系确保符合其阐明的职业健康安全方针，提升企业形象，增强员工凝聚力，员工可以更积极地为企业做贡献，投入到创新活动中；作为国际公认的认证体系，进行职业健康安全管理体系认证能够顺应国际趋势，突破非关税贸易壁垒，促进企业国际贸易扩展，提高综合实力，进而使企业更有经济实力进行创新活动；从内生性激励来看，进行职业健康安全管理体系认证，会增加企业综合成本，而经济成本和时间成本的增加对于企业转型升级具有内生性促进作用，促使企业提高创新投入。

第二，不具有政治关联的企业在职业健康安全管理体系认证对企业创新激励方面更为显著。从企业内部特征进一步分析显示：当以 $Patent1$、$R\&D1$ 为被解释变量时，代表无政治关联的一组分别对 $Pass$ 的相关系数在 1%、5% 水平上显著正相关，而有政治关联的一组相关系数虽为正，但均未通过显著性检验。没有政治关联的企业在职业健康安全管理体系认证促进创新方面效果更好。政治关联作为政府与企业之间关系的重要桥梁，对经济效率有深刻影响。政治关联在为企业寻求更多资源的同时，也会带来政府更多的经营干预。虽然有政治关联的企业可以得到更多信贷资金，这些资金却会受银行或政府对资金用途的制约，降低其投入高风险创新活动的可能；政治关联企业受政府扩大GDP 与财政收入的政绩目标所限，更倾向于进行大规模的固定资产投资，降低了对创新的投入；当企业 CEO 具有政治关联背景时，企业 CEO 相对于对技术的了解，更善于处理政府关系，从而影响对技术创新项目的执行能力；再者，具有政治关联的企业大都规模庞大、机构冗余，即便有创新的意愿，真正实现创新的"落地"时，相对于没有非政治关联的企业灵活，其需要更长的时间和更繁杂的程序。

第三，职业健康安全管理体系认证在认证覆盖人数比例高的企业对创新的激励作用更强。将通过职业健康安全管理体系认证的企业子样本按照职业健康安全管理体系认证人数在企业总员工数的比例进行分组检验，检验结果显示：当以 Patent1、R&D1 作为被解释变量时，认证覆盖人数比例高的一组对 Pass 的相关系数均为正且分别在 1%、5% 上通过显著性检验；而认证覆盖人数比例低的一组对 Pass 的相关系数虽都为正，但均未通过显著性检验，职业健康安全管理体系认证覆盖人数比例高的企业对企业创新激励更强。认证覆盖人数比例高体现企业对员工劳动保护更为重视，更有利于员工从事有利于企业长远发展的研发活动，从内部激发企业的创新潜能；关注职工健康和安全会有效提高企业形象，成为企业与员工良好关系的重要标志，即便没有被认证覆盖的员工，也会受认证覆盖员工正向影响，提升职员安全感，激励员工的创新积极性；认证覆盖人数比例高，企业需要投入相对更多的人力、物力进行职业健康安全管理体系的建设，对企业整个管理体系的要求更高，企业将投入更多的成本，成本提高会对企业产生创新的内生性激励，企业由此会加大对创新项目的投入。

建议相关部门做好职业健康安全管理体系建设的推广工作，加大对新《职业健康安全管理体系要求》的宣传力度，以更快出台更具有法律约束力的政策法规，规范企业进行职业健康安全管理体系认证的程序；严格执行职业健康安全管理体系认证的监管工作，监督企业实行劳动保护制度；提高员工对劳动保护的认识，监督企业积极主动进行职业健康安全管理体系认证；企业还应该正确认识并存的机遇与挑战，当劳动综合成本上升时，积极进行创新投入，促进转型升级。企业作为技术创新的微观主体，必须承担起发展的重任。一方面从政府角度来讲，要创造公平的制度环境，对所有企业一视同仁，从制度层面约束企业通过政治关联获得"寻租"收益，并通过法律手段增加"寻租者"的成本，进而抑制企业进行政治关联的想法。另一方面从企业角度来讲，应对政治关联有更全面清晰的认识，政治关联虽短期内可以为企业带来信贷、政策补贴等优惠，但长此以往，政治的不确定性会提高企业面临的融资环境不确定性，降低企业预防性动机和竞争意愿，阻碍企业创新发展投入；对于企业家来讲，不应被短期利益所迷惑，更应关注企业的长远发展，进行有利于提升企业未来实力和竞争力的创新活动，企业家要发挥企业家精神，寻找提高企业效率的有效途径。认证认可部门应加大对企业职业健康安全管理体系建设的监督，增加企业职业健康安全管理体系认证覆盖人数比例，增进员工对企业的归属感，鼓励员工更加积极地投入企业创新发展中来；企业管理者更要重视企业的转型升级，规划企业长远发展战略，主动寻找促进企业创新的激励因素。

第六章　研究结论与未来研究展望

第一节　研究结论

习近平主席在中国共产党第十九次全国代表大会中做出"美丽中国""四大举措"明确部署，强调着力解决突出环境问题、调整产业结构、推进绿色发展。环境战略和员工安全对于我国经济稳定和经济发展都至关重要。本书选取环境管理体系和职业安全健康管理这两种非强制认证，探讨二者对企业可持续发展、财务和企业创新的后果，得到如下六个结论：

第一，环境管理体系认证对企业环境维度可持续发展水平有显著促进作用。进一步研究发现，国有企业和有政治关联的企业环境管理体系认证对企业可持续发展水平的促进效应更为显著；接着将国有企业根据实际控制人级别进一步分类后发现，环境管理体系认证对企业可持续发展水平的促进效应在市级（含市级）以上控股的企业比区县（含区县）以下控股的企业作用更为明显。

第二，ISO 14001 认证能提升排污费维度的环境绩效，且对环境绩效的增加有正向影响；进一步研究还发现，属于环境敏感型行业、有较大认证覆盖规模的企业，通过认证后环境绩效的增长幅度更为突出。持有最权威的 ISO 认证标识、通过 2015 版 ISO 14000 新标准的企业，没有发现优先于其他认证企业环境绩效的改善，说明我国的认证机构对 ISO 14000 认证的落地情况较好，且没有显著的机构性差异。另外，2015 版新标准虽然更为严格，但其有效执行需要一段时间的积累，现有数据情况下未发现新标准在减少企业排污费方面的突出作用。

第三，企业执行环境管理体系认证与营业成本成负相关，说明确实可以通过执行环境管理体系认证有效地降低企业的成本，一方面，执行环境管理体系认证时能避免环境责任事故，减轻了各类罚款支出；另一方面，根据 ISO 14001 系列标准，企业需要主动污染预防、节约资源能源，减少了在能源与资源上的开支。

第四，环境管理体系认证不能够促进企业提高以 ROA、ROE、ROS 代表的资产报酬率，可能由于有的企业认证并未真实落地。另外，施行环境管理体系认证究竟是降低了成本还是造成企业管理冗余仍不确定。

第五，环境管理体系认证与创新投入和创新产出成正相关关系，环境管理体系认证能够促进企业创新，使企业更加积极地投入研发资金，专利和发明的产出也有明显提升。

第六，企业通过职业健康安全管理体系认证能够有效促进创新投入和创新产出。进一步考虑企业属性和认证差异的分析表明，职业健康安全管理体系认证对创新效率的激励在无政治关联的企业和认证覆盖人数占比总人数比例高的企业更为显著。

整体来看，职业健康安全体系认证与其他数据没有发现相关性，同样，ISO 9001 所有企业都有没有区分度，这也是本书主要分析环境管理体系认证，职业健康安全体系认证仅分析了其对创新绩效后续影响的原因。之后，笔者将就其他方面对管理体系认证进行研究，具体研究方向见本章第三节的"未来研究展望"。

第二节 研究局限性

本书通过选取环境管理体系和职业安全健康管理这两种非强制认证的理论与实证研究，初步揭示了当前我国经济环境下上市公司进行管理体系认证会促进企业可持续发展、财务和企业创新的结果。然而，由于时间、数据收集、资料等资源以及自身知识量的限制，本书只给出了影响结果的大致框架，研究过程中存在很多不足，以及许多更深层次的问题有待进一步研究。

第一，数据收集的局限性。认证数据来源于认证认可业务信息统一查询平台，由笔者收集而成，且上市公司名称和上市代码均非查询平台关键词，故收集的数据本身有一定误差；CSMAR 数据库中企业研发费用和专利的数据部分缺失，无法确认该缺失是企业未披露其创新数据还是确实没有研发投入和专利，这部分导致最终样本量减少较多。

第二，数据质量的局限性。本书选取的环境管理体系认证数据和职业健康安全管理体系认证数据虽统一从认证认可业务信息统一查询平台得来，但由于数据收集的难度较大，只以企业是否通过认证为标准，并未区分通过该认证的为母公司还是子公司，以及企业执行管理体系认证的生命周期，执行初期和执行多年等都会有不同的落地深度，被监督次数、再认证次数、业务标识、覆盖人数比例等方面均有较大差异，只以虚拟变量进行分析，未体现各企业认证的质量差异。

第三，样本本身的局限性。由于其他数据的限制，本书仅采用 A 股上市公司作为研究样本，研究结论无法推广至其他股上市公司和非上市公司，A 股上市公司无论能力还是资质均为企业中的佼佼者，它们面临的信息披露要求和公司治理制度更为严格，其他企业在业务管理等方面与 A 股企业存在很大差异，但是限于本书尚无法获取不同层级企业的数据，仅能基于 A 股上市公司作为样本得出推测性结论。且现有文献主要以发达国家为研究对象，有些结论未必适用于发展中国家，本书仅以上市公司为样本，缺少普通企业的经验证据。

第四，指标选取的局限性。管理体系认证先由外至内，再由企业内部多方协调管理对外表达，其价值传导过程是复杂而长期的，本书仅集中于认证结果角度，忽视了企业执行认证的实际效果和认证后的内部管理融合，但是管理体系认证的研究是我国一个年轻的领域，该议题成果有限，可参考的文献不多，故作者只能借本书的浅析来抛砖引玉。

第五，研究方法的局限性。环境管理体系认证和职业健康安全管理体系认证的后果表达机制是非常复杂的，从企业微观层面出发探讨检验 ISO 14001 和 OHSAS 18001 对企业可持续发展水平、财务后果和创新绩效影响的内在机制，方法和难度均较大，本书尚未进行这部分的研究和验证。本书以财务绩效分析最多，环境保护次之，对社会公平尺度等方面的研究涉及较少。

第三节 未来研究展望

根据本书结论和局限性，以及近年来国内外学者对我国管理体系认证后果研究的不断推进，笔者认为可以从以下 8 个方面来拓展研究的尺度：

第一，企业进行认证的动因和面临的问题研究。认证动机是判断认证是否真实落地的第一道关卡。如果不同背景的企业有差异化的认证动机，那么我们在考虑认证是否有效时，就应该对企业进行差异化处置，针对不同类型、不同地区、不同行业、不同利益相关方、供应链管理等多重角度进行分析，认证落地后对企业最直观的影响是企业微观层面的环境管理升级，改进过去的末端治理流程，统筹企业局部与整体关系，考察我国企业认证的落地情况和执行效果，探讨企业认证的深层推动力，并发现企业认证执行过程中面临的难题，为本课题的整体研究提供第一层基础。

第二，现行管理体系认证研究主要集中在相关关系的表象计量分析上，之所以对其深层次的机制研究成果很少，主要是内部数据的限制，未来可以考虑使用企业调查数据，从企业内部的微观视角分析企业管理体系认证对环境行为、财务行为、创新行为、员工的雇用结构、内部员工再配置、解雇和培训、员工自发的创新数量、劳动者工作积极程度等的影响，以及企业经营管理者对企业未来规划的影响，也要多维化企业价值的度量指标，对企业价值进行财务性和非财务性的划分，探寻更为恰当的度量指标和函数模型，以分析、预测和检验认证对企业的价值联动作用，拓展和深入相关研究，寻求认证的价值联动内在机制和路径，更为全面地深入考察其驱动和影响机制，这既是未来的研究方向之一，也是最大的难点之一。

第三，不同企业在管理体系认证中的实质差异是该课题实证研究得以发展的数据根基，增加认证数据内涵间的可比性，为大尺度观察管理体系认证对经济的滞后影响带来可能，多途径收集、完善样本数量，使研究结果更具说服力，这也是笔者打算后续跟踪的话题。

第四，扩展国际上对管理体系认证的情况，将 ISO 14001 和 OHSAS 18001 对企业可持续发展水平、财务后果和创新绩效影响放到整个国际环境中来验证。当前我国国际形势复杂，企业创新对我国的安全和发展至关重要，其涉及组织创新、技术创新、管理创新、战略创新等多维层面，很显然管理认证的执行也会将企业管理贯穿在每一个部门、每一个细节，与这些创新层面均有较强的关联，不可孤立看待。未来应进一步考察管理体系认证是否带来多维角度的创新联动，继而推动企业创新等问题。

第五，传统的政治关联计量和统计方法不能准确地反应我国的政治环境，如国有企业的董事长和总经理本来就有行政级别，本书无法全部计入样本，另外党政企的政治联系非常复杂，未来将着重研究政治关联网络和更明确的政治关联计量方法。

第六，我国国情特殊，政府身兼管理者、政策制定者和投资者，国有企业和家族企业认证的动机完全不同，未来可以持续跟踪不同类型企业的认证执行情况。同时，对比我国与发达国家的实证结论，丰富该领域的研究成果。

第七，继续寻找较为合适的研究方法，以尽可能地控制外在宏观经济环境的变化带来的影响，进一步提升本研究结论的可靠性和准确度。目前，管理体系认证的研究或集中在框架构建和理念模式上，或集中在案例浅层尝试上，其他则停留在以传统财务会计研究框架为支撑的层面，理论成果的实际可行性较差。企业价值提升是企业最终经营和管理的体现，针对认证对环境和经营管理的影响，从正确理解认证内容和要求、积极宣传和推广先进思想，加大企业各环节沟通，积极推进利益相关方参与预防风险，进一步扩大辐射面，提出促进企业提升经济绩效的思路与建议。

第八，世界环境与发展委员会指出，企业可持续发展的三大支柱是经济增长、环境保护和社会公平。这三大支柱虽聚焦不同，存在很大异质性，但理论基础、原则、结构、目标相同（Zwetsloot，2003），企业只有将三者整合、实现和谐统一，才是实现持续经营假设的前提。PDCA 循环是认证标准的整合关键词，整合是全方位动态过程，不是静态的（Zhu 等，2013），企业如何通过资源积累和分配，不断修改和适应，使三大管理体系认证有效整合，从而促进经济增长、环境保护、社会公平综合、动态可持续发展且不断改进，要求的是

"质"的组合，而不是"量"的叠加，管理体系认证仍是有效增强企业动态能力的方法，未来也可以从动态能力方面构建三个管理系统的整合。

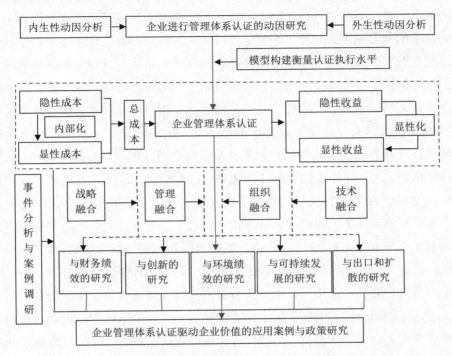

图 6-1　未来可能的研究方向

总体来说，可以构造一个包含认证影响因素、落地情况、带来的效益和认证价值传导的动态分析框架，将管理体系认证内生化，并将其作用与企业管理纳入一个框架解释，如图 6-1 所示。通过规范研究与实证研究的综合运用，明确认证是否落地和认证有效执行架构下企业价值的体现特征、方式、效率、规律与影响路径，在此基础上，总结出认证执行难点和认证有效执行对企业多维价值的特有作用机制，形成企业认证基础上内部管理统一的分析框架与理论模型。企业进行的环境管理决策受多重因素的联动影响，这些推动力既有企业自身的原因，也有企业外部环境的原因，将认证动机分为内生性动机和外生性动机，有助于比较不同背景和阶段下的企业环境管理决策特征，科学确定企业环境管理决策的影响因素，把握企业认证环境质量管理体系的决策运行规律和形成机制。企业进行管理体系认证具有激励效应和损耗效应的两面性。如 2015 年新出台的环境法被称作"史上最严格"环保法，这就可能导致企业在高压法律约束下，强行或激进推行 ISO 14000 认证，忽略了环境管理体系与现有企业管理体系的契合难度，导致组织复杂性增加。另外，企业有动态适应和学习能力，配置兼容性和配置效率会逐渐提高，使管理体系逐渐成为一项有价值的资产，从降低成本和提高绩效出发，继而带来企业的经济联动。现有研究以中国企业为研究对象的较少，因此，我们试图通过分析、论证和检验管理制度对企业经济效益的影响，补充中国特殊市场环境下的经验证据。另外，现有文献对如何衡量通过认证企业的执行水平处理较为简单，通过认证取值为 1，未通过认证取值为 0。此种方法有自己的优势，也有明显的缺陷，企业执行管理体系认证存在生命周期，执行初期、执行几年、执行多年都会有不同的落地深度。笔者注意到，不同企业的认证在被监督次数、再认证次数、业务标识、覆盖人数比例等方面均有较大差异，这为我们比较企业间认证的执行水平提供了可能。已有文献对认证的价值影响主要集中于财务指标维度，此种方法不足以真正表达出企业深层次绩效。然而随着上市公司《可持续发展年度报告》的发布，通过仔细的分析和判断、复杂的数据处理，企业价值的指标衡量会比现有文献更为多元合理。所以我们可以一方面从中观层面进行统计，从微观层面进行验证和对接，以作业成本法为思路，通过成本和效益动因确认作业量，以此作为数据的分配基础；另一方面也可以利用投入—产出模型，并整合到现行核算体系中。无论哪种方法，现行研究都处于最初级的摸索阶段。

所以，未来的方向是在分析企业进行管理体系认证的动因基础上，衡量认证的真实落地水平，进一步分析和检验企业执行管理体系认证后对经济维度、环境维度和其他更深层次维度的价值影响，在此基础上回到企业内部，从微观层面探讨管理认证的动态性能整合和价值再创的能力，进而研究企业进行管理体系认证对价值的驱动机制，比较全面系统地探索管理体系认证对企业带来的影响及影响机制。

参考文献

［1］陈德球，胡晴，梁媛.劳动保护、经营弹性与银行借款契约［J］.财经研究，2014（9）：62-72.

［2］陈德球，金雅玲，董志勇.政策不确定性、政治关联与企业创新效率［J］.南开管理评论，2016，19（4）：27-35.

［3］陈璇，Knut Bjorn Lindkvist.环境绩效与环境信息披露：基于高新技术企业与传统企业的比较［J］.管理评论，2013，25（9）：117-130.

［4］丁守海.最低工资管制的就业效应分析——兼论《劳动合同法》的交互影响［J］.中国社会科学，2010（1）：85-102.

［5］东昱明.ISO 14000环境管理体系认证在我国企业中的作用［J］.沈阳农业大学学报（社会科学版），2004（1）：9-11+127.

［6］耿建新，肖振东.ISO 14000认证出口效应研究——基于中国资本市场的经验证据［J］.中国软科学，2006（1）：61-68.

［7］耿建新，肖振东.ISO 14000认证的出口效应实证研究——来自我国资本市场的证据［J］.国际经贸探索，2006（1）：29-33.

［8］黄平.解雇成本、就业与产业转型升级——基于《劳动合同法》和来自中国上市公司的证据［J］.南开经济研究，2012（3）：79-94.

［9］黄岩.私人监管和社会认证：劳动权利保护的第三条道路［J］.国家行政学院学报，2015（3）：123-127.

［10］李钢，沈可挺，郭朝先.中国劳动密集型产业竞争力提升出路何在——新《劳动合同法》实施后的调研［J］.中国工业经济，2009（4）：37-46.

［11］李红.实施ISO 14000环境管理体系与可持续发展［C］//四川省环

境科学学会 . 四川省环境科学学会二○一一年学术年会论文集，2011：6.

[12] 李丽贤 . 浅谈推行 ISO 14000 环境管理体系的认证 [J]. 贵州环保科技，2003（1）：31-34+38.

[13] 廖冠民，陈燕 . 劳动保护、劳动密集度与经营弹性——基于 2008 年《劳动保护法》的实证检验 [J]. 经济科学，2014（2）：91-103.

[14] 林炜 . 企业创新激励：来自中国劳动力成本上升的解释 [J]. 管理世界，2013（10）：95-105.

[15] 吕俊，焦淑艳 . 环境披露、环境绩效和财务绩效关系的实证研究 [J]. 山西财经大学学报，2011（1）：109-116.

[16] 刘慧龙，张敏，王亚平，吴联生 . 政治关联、薪酬激励与员工配置效率 [J]. 经济研究，2010（9）：109-121.

[17] 刘媛媛，刘斌 . 劳动保护、成本黏性与企业应对 [J]. 经济研究，2014（5）：63-76.

[18] 孟庆堂，鞠美庭，李智 . 生态效率：可持续发展的环境管理理论探索 [J]. 中国环境管理丛书，2004（1）：23-25.

[19] 倪骁燃，朱玉杰 . 劳动保护、劳动密集度与企业创新 [J]. 管理世界，2016（7）：154-166.

[20] 施平 . 企业可持续发展能力视角下的环境管理和企业价值研究 [D]. 中国地质大学（北京），2013.

[21] 孙娅婷，左兆迎 . 大宗散货机械取样的职业健康安全管理研究 [J]. 质量与认证，2020（7）：79-81.

[22] 万举勇，王孝明 .ISO 14000 的发展动态及国内外形势 [J]. 电子质量，1999（8）：54-57.

[23] 王金营，顾瑶 . 中国劳动力供求关系形势及未来变化趋势研究 [J]. 人口学刊，2011（3）：3-13.

[24] 王立彦 .ISO 环境和质量管理认证的价值效应——来自我国股票市场的证据 [C]// 中国会计学会，中国会计学会教育分会 . 中国会计学会第六届理事会第二次会议暨 2004 年学术年会论文集（上），2004：13.

[25] 王立彦，林小池 .ISO 14000 环境管理认证与企业价值增长 [J]. 经

济科学，2006（3）：97-105.

［26］王立彦，袁颖. 环境和质量管理认证的股价效应［J］. 经济科学，2004（6）：59-70.

［27］王树义. 从绿色壁垒的双重性看我国应采取的对策［J］. 中国软科学，2002（8）：35-38.

［28］王顺祺. ISO 14001 环境管理体系认证与企业的市场竞争力［J］. 家用电器科技，2002（8）：52-54.

［29］王顺祺. ISO 45001—2018 与 OHSAS 18001 相比的主要变化［J］. 质量与认证，2018（7）：56-58.

［30］王铁义，裴志东. 在企业管理工作中建立实施 ISO 14001 环境管理体系［J］. 特种油气藏，2001（2）：95-97+110.

［31］王珍义，苏丽，陈璐. 中小高新技术企业政治关联与技术创新——以外部融资为中介效应［J］. 科学学与科学技术管理，2011（5）：48-54.

［32］吴玮. 关于环境管理体系对企业管理的促进作用分析［J］. 低碳世界，2018（1）：16-17.

［33］徐晋，贾馥华，张祥建. 中国民营企业的政治关联、企业价值与社会效率［J］. 人文杂志，2011（4）：66-80.

［34］游晓文，毛建兴，习海滨. 试论企业开展 ISO 14001 环境管理体系认证的必要性与可行性［J］. 洪都科技，2005（1）：48-51.

［35］于连超，毕茜. 环境管理体系认证能够抑制股价崩盘风险吗？［J］. 商业经济与管理，2021，358（8）：55-69.

［36］于连超，董晋亭，王雷，等. 环境管理体系认证有助于缓解企业融资约束吗？［J］. 审计与经济研究，2021（6）：116-126.

［37］于连超，毕茜，刘强. 环境管理体系认证会提升企业投资效率吗？［J］. 天津财经大学学报，2021（12）：78-93.

［38］袁建国，后青松，程晨. 企业政治资源的诅咒效应［J］. 管理世界，2015（1）：139-155.

［39］翟华云，张瑞. 企业环境管理体系认证的传染效应及动机［J］. 中南民族大学学报（人文社会科学版），2021，41（8）：151-160.

［40］湛正群 .ISO 质量标准运行失真的制度解释与博弈分析［J］.现代管理科学，2011（6）：107-109.

［41］张兆国，张弛，曹丹婷 .企业环境管理体系认证有效吗［J］.南开管理评论，2019，22（4）：123-134.

［42］张兆国，张弛，裴潇 .环境管理体系认证与企业环境绩效研究［J］.管理学报，2020，17（7）：1043-1051.

［43］赵西亮，李建强 .劳动力成本与企业创新——基于中国工业企业数据的实证分析［J］.经济学家，2016（7）：89-104.

［44］中国质量认证中心 .2020 检验检测认证认可行业年度风云榜［J］.质量与认证，2021（1）：33-35.

［45］Aba E K，Badar M A. A review of the impact of ISO 9000 and ISO 14000certifications［J］. The Journal of Technology Studies，2013，39（1/2）：42-50.

［46］Abad J，Lafuente E，Vilajosana J. An assessment of the OHSAS 18001 certification process：Objective drivers and consequences on safety performance and labor productivity［J］. Safety Science，2013（60）：47-56.

［47］Acharya V V，Baghai R P，Subramanian K V. Wrongful Discharge Laws and innovation［J］. Review of Financial Studies，2014，27（1）：301-346.

［48］Adam P，Radomit P. Effect of management systems ISO 9000 and ISO 14000on enterprises' awareness of sustainability priorities［J］. Journal of Manufacturing Technology Management，2013（2）：66-80.

［49］Adam P，Radomit P. Consequence of QMS ISO 9000 and EMS ISO 14000implementation on CZ/SK enterprise performance with respect to sustainability［J］. Journal of Eastern Europe Research in Business & Economics，2013（3）：1-18.

［50］Ambika Z，Amrik S S. Integrated management system：the experiences of three Australian organization［J］. Journal of Manufacturing Technology Management，2005，16（2）：211-232.

［51］Amit.K.The long and short of quality ladders［EP/OL］. http：//mpra.

ub.uni-muenchen.de/4496, 2007.

［52］Andonova L B. Openness and the environment in Central and Eastern Europe: can trade and foreign investment stimulate better environmental management in enterprises? ［J］. The Journal of Environment & Development, 2003, 12（2）: 177-204.

［53］Aragon-Correa J A, Sharma S. A contingent resource-based view of proactive corporate environmental strategy ［J］. The Academy of Management Review, 2003, 28（1）: 71-88.

［54］Aras G, Aybars A, Kuthu O. Managing corporate performance: investigating the relationship between corporate social responsibility and financial performance in emerging markets ［J］. International Journal of Productivity and Performance Management, 2010, 59（3）: 229-254.

［55］Arend R. Social and environmental performance at SMEs: Considering motivations, capabilities, and instrumentalism ［J］. Journal of Business Ethics, 2014, 125（4）: 541-561.

［56］Arifin K, Jahi J M, Razman M R. OHSAS 18001 vs. Implementation Cost: Risks that will be faced by the organisation management in Malaysia ［J］. The Social Sciences, 2009, 4（4）: 332-339.

［57］Arya B, Zhang G Y. Institutional reforms and investor reactions to CSR announcements: evidence from an emerging economy ［J］. Journal of Management Studies, 2009, 46（7）: 1089-1112.

［58］Atanassov J, Kim E. Labor and corporate governance: international evidence from restructuring decisions ［J］. Journal of Finance, 2009, 64（1）: 341-374.

［59］Bansal P. Evolving sustainably: a longitudinal study of corporate sustainable development ［J］. Strategic Management Journal, 2005, 26（3）: 197-218.

［60］Barbara S S, Mercedes G, Gustavo M A. Improving resilience and performance of organizations using environment, health and safety management systems: An empirical study in a multinational company [J]. Enhancing Synergies in a Collaborative Environment, 2015 (5): 275-282.

[61] Benner M J, Tushman M L. Exploitation, exploration, and process management: the productivity dilemma revisited [J]. Management, 2003 (28): 238-256.

[62] Benner M J, Veloso F M. ISO 9000 practices and financial performance: A technology coherence perspective [J]. Operation Management, 2008 (26): 611-629.

[63] Bevilacqua M, Ciarapica F E. How to successfully implement OHSAS 18001: The Italian case [J]. Journal of Loss Prevention in the Process Industries, 2016 (44): 31-43.

[64] Bhuiyan N, Alam N. ISO 9001: 2000 implementation – the North American experience [J]. International Journal of Productivity and Performance Management, 2004, 53 (1): 10-17.

[65] Bird R C, Knopf J D. Do wrongful discharge laws impair firm performance [J]. Journal of Law and Economics, 2009, 52 (2): 197-222.

[66] Boiral O. Managing with ISO systems: lessons from practice [J]. Long Range Planning, 2011, 44 (3): 197-220.

[67] Borella I L, Borella M R C. Environmental impact and sustainable development: an analysis in the context of standards ISO 9001, ISO 14001, and OHSAS 18001 [J]. Environmental Quality Management, 2016, 25 (3): 67-83.

[68] Botero J C, Djankov S, La Porta R, et al. The regulation of labor [J]. Quarterly Journal of Economics, 2004, 119 (4): 1339-1382.

[69] Chatzoglou P, Chatzoudes D, Kipraios N. The impact of ISO 9000 certification on firms' financial performance [J]. International Journal of Operations & Production Management, 2015, 35 (1): 145-174.

[70] Chemwile P, Namusonge G, Lravo M. Relationship between strategic environmental relations practice and organizational performance of companies listed

in Nairobi Securities Exchange〔J〕. International Journal of Academic Research in Business and Social Sciences, 2016, 6（10）: 339-355.

〔71〕Chen C, Wu G, Chuang K. A comparative analysis of the factors affecting the implementation of occupational health and safety management systems in the printed circuit board industry in Taiwan〔J〕. Journal of Loss Prevention in the Process Industries, 2009, 22（2）: 210-215.

〔72〕Chinese Academy of Social Science. The research report on corporate social responsibility of China 2009〔M〕. Social Sciences Academic Press: Beijing, China, 2012.

〔73〕Chris K Y L, Mark P, Di F. OHSAS 18001 certification and operating performance: The role of complexity and coupling〔J〕. Journal of Operations Management, 2014, 32（5）: 268-280.

〔74〕Chung Y C, Chiu C C, Tsai C H, Hsu Y W. Research on the relationship between the OHSAS 18000 system implementation and competitiveness in Taiwan's industries〔J〕. Asian Journal on Quality, 2016, 7（3）: 24-45.

〔75〕Clougherty J A, Grajek M. International standards and international trade: Empirical evidence from ISO 9000 diffusion〔J〕. Standards, Intellectual Property & Innovation, 2014（36）: 70-82.

〔76〕Comoglio C, Botta S. The use of indicators and the role of environmental management systems for environmental performances improvement: A survey on ISO 14001 certified companies in the automotive sector〔J〕. Journal of Cleaner Production, 2012（20）: 92-102.

〔77〕Corbett C. Global diffusion of ISO 9000 certification through supply chains〔J〕. Supply Chain Analysis, 2008（119）: 169-199.

〔78〕De Oliveira O J. Guidelines for the integration of certifiable management systems in industrial companies〔J〕. Cleaner Production, 2013（57）: 124-133.

〔79〕Delmas M, Montiel I. The diffusion of voluntary international management standards: responsible care, ISO 9000, and ISO 14001 in the chemical industry〔J〕. Policy Studies Journal, 2008, 36（1）: 65-93.

[80] Delmas M, Toffel M. Stakeholders and environmental management practices: an institutional framework [J] . Business Strategy and the Environment, 2004, 33 (4): 209-222.

[81] Douglas A., Coleman S and Oddy R. The case for ISO 9000 [J] . The TQM Magazine, 2003, 15 (5): 316-324.

[82] Ejdys J, and Matuszak-Flejszman A. New management systems as an instrument of implementation sustainable development concept at organizational level [J]. Technological and Economic Development of Economy, 2010, 16 (2): 202-218.

[83] Faleye O, Kovacs T, Venkateswaran A. Do Better connected CEO's Innovate More? [J] . Journal of Financial and Quantitative Analysis, 2014, 49 (5-6): 1201-1225.

[84] Federica M, Laura B. Management systems: an empirical study in Italy [J] . Total Quality Management & Business Excellence, published online: 2016 (14): 1-16.

[85] Fernández V, Gutiérrez L. External managerial networks, strategic flexibility and organizational learning: A comparative study between Non-QM, ISO and TQM firms [J] . Total Quality Management & Business Excellence, 2013, 24 (3): 243-258.

[86] Gagnier D, Smith T, Pyle J. The future of ISO 9000 and ISO 14000 [J] . ISO Management System, 2005 (6): 11-14.

[87] Gavronski I, Paiva E L, Teixeira R, et al. ISO 14001 certified plants in Brazil-taxonomy and practices[J]. Journal of Cleaner Production, 2013 (39): 32-41. ISO 14001certified plants in Brazil—Taxonomy and practices. J. Clean. Prod. 2013, 39, 32-41.

[88] Geibler J V. Accounting for the social dimension of sustainability: Experiences from the biotechnology industry [J] . Business Strategy Environment, 2006 (15): 334-346.

[89] Ghahramani A. Diagnosis of poor safety culture as a major shortcoming

in OHSAS 18001-certified companies [J]. Industrial Health, 2016.

[90] Gianni M, Gotzamani K. Management systems integration: lessons from an abandonment case [J]. Journal of Cleaner Production, 2015, 86 (1): 265-276.

[91] Hale K. The relationship between total quality management practices and their effects on firm performance [J]. Journal of Operations Management, 2003 (21): 405-435.

[92] Hamilton S F, Zilberman D. Green markets, Eco-certification, and the equilibrium fraud [J]. Journal of Environmental Economics & Management, 2006, 52 (3): 627-644.

[93] Hasan M, Chan C K. ISO 14000 and its impact on corporate performance [J]. Business and Management Horizons, 2014, 2 (2): 1-13.

[94] Henriques I, Sadorsky P. The relationship between environmental commitment and managerial perceptions of stakeholder importance [J]. Academy of Management Journal, 1999, 42 (1): 87-99.

[95] Hillman A J, Zardkoohi A, Bierman L. Corporate political strategies and firm performance: indications of firm-pecific benefits from personal service in the U.S. Government [J]. Strategic Management Journal, 1999, 20 (1): 67-81.

[96] Hirshleifer D, Hsu P H, Li D. Innovative efficiency and stock returns [J]. Journal of Financial Economics, 2013, 107 (3): 632-654.

[97] Hoang V N, Rao D S P. Measuring and decomposing sustainable efficiency in agricultural production: A cumulative exergy balance approach [J]. Ecological Economics, 2010 (69): 1765-1776.

[98] Ioppolo G, Cucurachi S, Salomone R, Saija G, Shi L. Sustainable local development and environmental governance: a strategic planning experience [J]. Sustainability, 2016 (8): 180.

[99] Jain S K, Ahuja I S. Evaluation of business performance measurements for ISO 9000 initiatives in India manufacturing industry [J]. International Journal

of Process Management and Benchmarking, 2016, 6（1）: 45-67.

［100］Jayashree S, Malarvizhi C A, Mayel S, Rasti A. Significance of top management commitment on the implementation of ISO 14000 EMS towards sustainability［J］. Middle-East Journal of Scientific Research, 2015, 23（12）: 2941-2945.

［101］Jayashree S, Marthandan G, Malarvizhi C A, Vinayan G. Effcetiveness of ISO 14000 environmental management systems in Malaysian manufacturing industries［J］. Advanced Materials Research, 2013（655）: 2253-2257.

［102］Johnstone N, Labonne J. Why do manufacturing facilities introduce environmental management systems? Improving and/or signaling performance［J］. Ecological Economics, 2009, 68（3）: 719-730.

［103］Jong P, De Paulraj A, Blome C. The Financial Impact of ISO 14001 Certification: Top-Line, Bottom-Line, or Both?［J］. Business Ethics, 2014（119）: 131-149.

［104］Juan A B, Antonio J B, Carmen D N. The integration of CSR management systems and their influence on the performance of technology companies［J］. European Journal of Management and Business Economics, 2016, 25（3）: 121-132.

［105］Kafel P, Casadesus M. The order and level of management standards implementation: Changes during the time［J］. The TQM Journal, 2016, 28（4）: 636-647.

［106］Kartha C P. On the impact of ISO 9000 certification on organizations: a comparative study［J］. Journal for Global Business Advancement, 2016, 9（4）: 52-78.

［107］Khanna M, Koss P, Jones C. Motivations for voluntary environmental management［J］. Policy Studies Journal, 2007, 35（4）: 751-772.

［108］Kim C B, Kwon S H, Park Y Y. The influences of quality management system standards（ISO 9000）on supply chain innovation and business performance

［J］. Journal of Korea Trade，2015，19（2）：23-50.

［109］Koeniger，Winfried. Dismissal Costs and Innovation［J］.Economics Letters，2005，88（1）：79-84.

［110］Kositapa N. An investigation into perception of cost-benefit analysis in implementing ISO 14000［J］. Assumption University，2015，12（6）：364-368.

［111］Kristina O，Fredrik V M. Integrated management systems as a corporate response to sustainable development［J］. Corporate Social Responsibility and Environmental Management，2005（12）：121-128.

［112］Kusumah L H，Fabianto Y S. The differences in the financial performance of manufacturing companies in Indonesia before and after ISO 9000 implementation［J］. Total Quality Management & Business Excellence，2016（10）：1-17.

［113］Lacoul M. An empirical study of the factors associated with the perceived degree of successful implementation of ISO 14000 environmental management system in Thailand［D］. Assumption University，2015.

［114］Lee P T. Implementing ISO 14000：Is it beneficial for firms in newly industrialized Malaysia?［J］. Journal of Cleaner Production，2005（3）：397-404.

［115］Manisara S. Moral capital and corporate sustainability of ISO 14000businesses in Thailand［J］. Journal of International Management Studies，2014，14（2）：89-94.

［116］Manso G. Motivating Innovation［J］. Journal of Finance，2011，66（5）：1823-1860.

［117］Marhani M A，Adnan H，Ismail F. OHSAS 18001：a pilot study of towards sustainable construction in Malaysia［J］. Procedia - Social and Behavioral Sciences，2013，85（20）：51-60.

［118］Martín-pena M L，Díaz-garrido E，Sanchez-lopez J M. Analysis of benefits and difficulties associated with firms' Environmental Management Systems：

The case of the Spanish automotive industry［J］. Cleaner Production，2014（70）：220-230.

［119］McCarthy L，Marshall D. How does it pay to be green and good? The impact of environmental and social supply chain practices on operational and competitive outcomes［J］. New Perspectives on Corporate Social Responsibility，2015（15）：341-370.

［120］McWilliams A，Siegel D S. Corporate social responsibility：strategic implications［J］. Journal of Management Studies，2006，43（1）：186-190.

［121］Melnyk S，Sroufe R，Calantone R. Assessing the impact of environmental management systems on corporate and environmental performance［J］. Journal of Operations Management，2003，21（3）：329-351.

［122］Mishra S，Suar D. Does corporate social responsibility influence firm performance of Indian companies?［J］. Journal of Business Ethics，2010，95（4）：571-601.

［123］Morris P W. ISO 9000 and financial performance in the electronics industry［J］. Journal of American Academy of Business，2006，8（2）：227-234.

［124］Muller A，Kolk A. Extrinsic and intrinsic drivers of corporate social performance：evidence from foreign and domestic firms in Mexico［J］. Journal of Management Studies，2010，47（1）：1-26.

［125］Nishitani K. An empirical study of the initial adoption of ISO 14001 in Japanese manufacturing firms［J］. Ecological Economics，2009，68（3）：669-679.

［126］Oi W. Labor as a Quasi-fixed Factor［J］. Journal of Political Economy，1962（70）：538-555.

［127］Okrepilov V V. Development prospects of standardization as a tool for innovative development［J］. Studies on Russian Economic Development，2013，24（1）：35-42.

［128］Oskar S，Niklas V. Extrinsic or intrinsic motivation to implement a quality system and the effect on customer satisfaction: A study of ISO 9000 certified companies [D]. Linnaeus University, 2016.

[129] Palacic D. The impact of implementation of the requirements of Standard No. OHSAS 18001: 2007 to reduce the number of injuries at work and financial costs in the Republic of Croatia [J]. International Journal of Occupational Safety and Ergonomics, 2016 (13): 1-9.

[130] Pan J N. A comparative study on motivation for and experience with ISO 9000 and ISO 14000 certification among Far Eastern countries [J]. Industrial Management & Data Systems, 2003, 103 (8): 564-578.

[131] Paulraj A, De Jong P. The effect of ISO 14001 certification announcements on stock performance [J]. International Journal of Operations & Production Management, 2011, 31 (7): 765-788.

[132] Petroni A. Developing a methodology for analysis of benefits and shortcomings of ISO 14001 registration: Lessons from experience of a large machinery manufacturer [J]. Journal of Cleaner Production, 2001 (9): 351-364.

[133] Phan A C, Nguyen M H, Luong H V M, Matsui Y. ISO 9000 implementation and performance: empirical evidence from Vietnamese companies [J]. International Journal of Productivity and Quality Management, 2016, 18(1): 254-275.

[134] Pheng L S, Kwang G K. ISO 9001, ISO 14001 and OHSAS 18001 management systems: Integration, costs and benefits for construction companies [J]. Architectural Science Review, 2005, 48 (2): 145-151.

[135] Piotr K. The place of occupational health and safety management system in the integrated management system [J]. International Journal for Quality Research, 2016, 10 (2): 311-324.

[136] Porter M, Mark K. The Link between competitive advantage and corporate social responsibility [J]. Harvard Business Review, 2006, 84 (12): 78-92.

［137］Potoski M, Prakash A. Covenants with weak swords: ISO 14001and facilities' environmental performance［J］. Journal of Policy Analysis and Management, 2005（24）: 745-769.

［138］Potoski M, Prakash A. Do voluntary programs reduce pollution? examining ISO 14001's effectiveness across countries［J］. Policy Studies Journal, 2013（41）: 273-294.

［139］Prajogo D, Tang A K Y, Lai K. Do firms get what they want from ISO 14001adoption? An Australian perspective［J］. Journal of Cleaner Production, 2012（33）: 117-126.

［140］Prakash A, Potoski M. Racing to the bottom? Trade, environmental governance, and ISO 14001［J］. American Journal of Political Science, 2006, 50（2）: 350-364.

［141］Qi G Y, Zeng S X, Yin H T, Lin H. ISO and OHSAS certifications: How stakeholders affect corporate decisions on sustainability?［J］. Management Decision, 2013, 51（10）: 1983-2005.

［142］Rajkovic D, Stojilkovic P, Stepanovic B. The practical advantages of OHSAS standard in small and medium-sized enterprises［J］. Center for Quality, 2015（9）: 141-144.

［143］Rao P, Hamner B. Impact of ISO 14000 on Business Performance, 2016.

［144］Riillo C. Is ISO 9000 good for business? A review of large quantitative studies, 2015.

［145］Robson L S, Clarke J A., Cullen K, Bielecky A. The effectiveness of occupational health and safety management system interventions: A systematic review［J］. Safety Science, 2007（45）: 329-353.

［146］Rout M K, Badgayan N D, Pattnaik S K. An empirical study on energy management standard（ISO 50000）: Effectiveness performance evaluation for steel plants and comparison with ISO 9000, ISO 14000, ISO 18000 & ISO 22000［J］. International Journal of Engineering Research & Technology, 2013,

12（2）：1329-1341.

［147］Sakr D A，Sherif A，El-Haggar S M. Environmental management systems' awareness：An investigation of top 50 contractors in Egypt［J］. Journal of Cleaner Production, 2010（18）：210-218.

［148］Salo，James. Corporate governance and environmental performance：industry and country effects［J］. Competition & Change, 2008, 12（4）：328-354.

［149］Santos G，Mendes F，Barbosa J. Certification and integration of management systems：The experience of Portuguese small and medium enterprises ［J］. Cleaner Production, 2011（19）：1965-1974.

［150］Senaratne S. Link between ISO 9000 certification and business performance in Sri Lankan companies［J］. Master of Engineering in Manufacturing Systems Engineering, 2014.

［151］Seru A. Firm boundaries matter：evidence from conglomerates and R&D activity［J］. Journal of Financial Economics, 2014, 111（2）：381-405.

［152］Sharma S，Henriques I. Stakeholder influences on sustainability practices in the Canadian forest products industry［J］. Strategic Management Journal, 2005, 26（2）：159-180.

［153］Siegel J，Roe M. Political Instability and financial development, 2008.

［154］Simon A，Yaya L H P，Karapetrovic S，Casadesus M. Can integration difficulties affect innovation and satisfaction?［J］. Industrial Management & Data Systems, 2014, 114（2）：183-202.

［155］Simon A，Karapetrovic S，Casadesus M. Evolution of Integrated Management Systems in Spanish firms［J］. Cleaner Production, 2012（23）：8-19.

［156］Simon A，Yaya L H P. Improving innovation and customer satisfaction through systems integration［J］. Industrial Management & Data System, 2012 （112）：1026-1043.

［157］Singh S. An integrative approach to management systems and business excellence［J］. African Journal of Business Management, 2011（5）: 1618-1629.

［158］Singh N, Park Y H. Green firm-specific advantages for enhancing environmental and economic performance［J］.Global Business & Organizational Excellence, 2014, 34（1）: 6-17.

［159］Sunku V S R, Pasupulati V C. Factors influencing implementation of OHSAS18001 in Indian construction organizations: interpretive structural modeling approach［J］. Safety and Health at Work, 2015, 6（3）: 200-205.

［160］Tamayo-Torres J, Gutierrez-Gutierrez L, Ruiz-Moreno A. The relationship between exploration and exploitation strategies, manufacturing flexibility and organizational learning: An empirical comparison between Non-ISO and ISO certified firms［J］. European Journal of Operational Research, 2014, 232（1）: 72-86.

［161］Tan C L, Fathyah H, Chu W L. Occupational health and safety advisory services（OHSAS）18001 Management system adoption: assessing the determinants［J］. Journal Pengurusan, 2015（43）: 61-72.

［162］Tang S L, Kam C W. A survey of ISO 9001 implementation in engineering consultancies in Hong Kong［J］. International Journal of Quality & Reliability Management, 1999, 16（6）: 562-574.

［163］Testa F, Rizzi F, Daddi T. EMAS and ISO 14001: The differences in effectively improving environmental performance［J］. Journal of Cleaner Production, 2014（68）: 165-173.

［164］Vahedi N K, Lari M. The relationship between financial ratios（ratios of activity and profitability）and ISO 9000 certificate for companies listed in Tehran Stock Exchange［J］. International Journal of Management Studies, 2014, 3（2）: 145-157.

［165］Vinodkumar M, Bhasi M. Safety management practices and safety behaviour: assessing the mediating role of safety knowledge and motivation［J］. Accident Analysis and Prevention, 2010, 42（6）2082-2093.

［166］Wang C, Clegg J, Kafouros M. Country-of-origin effects of foreign direct investment［J］. Management International Review, 2009, 49（2）: 179-198.

［167］Wang X L. Efficiency of management system certification: evidence from the Chinese manufacturing industry, 2014.

［168］Wang X L, Lin H. Does adoption of management standards deliver efficiency gain in firms, pursuit of sustainability performance? An empirical investigation of Chinese manufacturing firms［J］. Sustainability, 2016, 8（7）: 694-710.

［169］Weber O. Factors influencing the implementation of environmental management systems, practices and performance［M］. Greenleaf: Sheffield, UK, 2007.

［170］White M A. Corporate environmental Performance and Shareholder Value［EB/OL］. http: / /etext.Lib.virginia.edu/osi/.

［171］Wiengartn F, Humphreys P, Onofrei G, Fynes B. The adoption of multiple certification standards: perceived performance implications of quality, environmental and health & safety certifications［J］. Production Planning & Control, 2017（28）: 131-141.

［172］Wiengarten F, Pagell M, Fynes B. ISO 14000 certification and investments in environmental supply chain management practices: identifying differences in motivation and adoption levels between Western European and North American companies［J］. Journal of Cleaner Production, 2013, 56（1）: 18-28.

［173］Yin H T, Ma C B. International integration: a hope for a greener China?［J］. International Marketing Review, 2009, 226（3）: 348-367.

［174］Zeng S X, Tam V , Le K.N. Towards effectiveness of integrated management systems for enterprises［J］. Engineering Economics, 2010, 21（2）: 171-179.

［175］Zhang R, David S. Firms' environmental and financial performance:

an empirical study［EB/OL］. http：//ssrn.com/abstract =1429886.

［176］Zhu Q, Cordeiro J, Sarkis J. Institutional pressures, dynamic capabilities and environmental management systems: Investigating the ISO 9000-Environmental management system implementation linkage［J］. Environmental Management, 2013（114）: 232-242.

［177］Zwetsloot G I. From management systems to corporate social responsibility［J］. Journal of Business Ethics, 2003, 44（2）: 101-108.

项目策划：段向民
责任编辑：张芸艳
责任印制：孙颖慧
封面设计：武爱听

图书在版编目（ＣＩＰ）数据

ISO 14001和OHSAS 18001真的有效吗 ：基于可持续
发展、财务和创新视角 / 武剑锋著. -- 北京 ：中国旅
游出版社，2023.6
　　ISBN 978-7-5032-7138-0

　　Ⅰ．①Ｉ… Ⅱ．①武… Ⅲ．①企业环境管理－国际标
准 Ⅳ．①X322-65

　　中国国家版本馆CIP数据核字(2023)第109155号

书　　　名：ISO 14001 和 OHSAS 18001 真的有效吗——基于可持续发展、财
　　　　　　务和创新视角

作　　　者：武剑锋
出版发行：中国旅游出版社
　　　　　　（北京静安东里 6 号　邮编：100028）
　　　　　　http://www.cttp.net.cn　E-mail:cttp@mct.gov.cn
　　　　　　营销中心电话：010-57377103，010-57377106
　　　　　　读者服务部电话：010-57377107
排　　　版：北京旅教文化传播有限公司
经　　　销：全国各地新华书店
印　　　刷：三河市灵山芝兰印刷有限公司
版　　　次：2023 年 6 月第 1 版　2023 年 6 月第 1 次印刷
开　　　本：720 毫米 ×970 毫米　1/16
印　　　张：10.5
字　　　数：163 千
定　　　价：39.80 元
ＩＳＢＮ　　978-7-5032-7138-0
